무심지만
재밌어서 밤새 읽는
원소 이야기

재밌어서 밤새 읽는

원소 이야기

사마키 다케오 지음 | 오승민 옮김

더숲

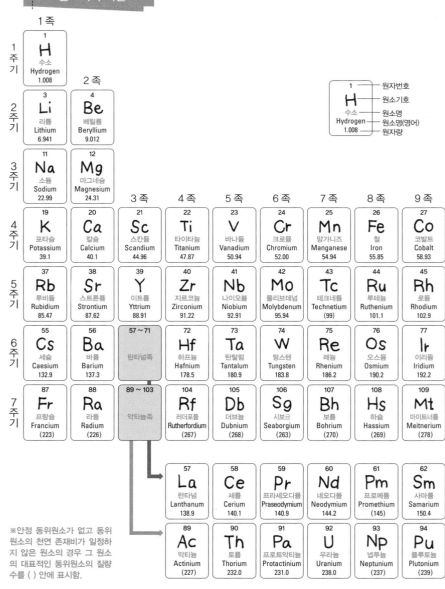

◆ 원소의 주기율표

원자번호	1
원소기호	H
원소명	수소
원소명(영어)	Hydrogen
원자량	1.008

1족

1주기
| 1 |
| H |
| 수소 |
| Hydrogen |
| 1.008 |

2족

2주기
3	4
Li	Be
리튬	베릴륨
Lithium	Beryllium
6.941	9.012

3주기
11	12
Na	Mg
소듐	마그네슘
Sodium	Magnesium
22.99	24.31

3족 · 4족 · 5족 · 6족 · 7족 · 8족 · 9족

4주기
19	20	21	22	23	24	25	26	27
K	Ca	Sc	Ti	V	Cr	Mn	Fe	Co
포타슘	칼슘	스칸듐	타이타늄	바나듐	크로뮴	망가니즈	철	코발트
Potassium	Calcium	Scandium	Titanium	Vanadium	Chromium	Manganese	Iron	Cobalt
39.1	40.1	44.96	47.87	50.94	52.00	54.94	55.85	58.93

5주기
37	38	39	40	41	42	43	44	45
Rb	Sr	Y	Zr	Nb	Mo	Tc	Ru	Rh
루비듐	스트론튬	이트륨	지르코늄	나이오븀	몰리브데넘	테크네튬	루테늄	로듐
Rubidium	Strontium	Yttrium	Zirconium	Niobium	Molybdenum	Technetium	Ruthenium	Rhodium
85.47	87.62	88.91	91.22	92.91	95.94	(99)	101.1	102.9

6주기
55	56	57 ~ 71	72	73	74	75	76	77
Cs	Ba	란타넘족	Hf	Ta	W	Re	Os	Ir
세슘	바륨		하프늄	탄탈럼	텅스텐	레늄	오스뮴	이리듐
Caesium	Barium		Hafnium	Tantalum	Tungsten	Rhenium	Osmium	Iridium
132.9	137.3		178.5	180.9	183.8	186.2	190.2	192.2

7주기
87	88	89 ~ 103	104	105	106	107	108	109
Fr	Ra	악티늄족	Rf	Db	Sg	Bh	Hs	Mt
프랑슘	라듐		러더포듐	더브늄	시보귬	보륨	하슘	마이트너륨
Francium	Radium		Rutherfordium	Dubnium	Seaborgium	Bohrium	Hassium	Meitnerium
(223)	(226)		(267)	(268)	(263)	(270)	(269)	(278)

57	58	59	60	61	62
La	Ce	Pr	Nd	Pm	Sm
란타넘	세륨	프라세오디뮴	네오디뮴	프로메튬	사마륨
Lanthanum	Cerium	Praseodymium	Neodymium	Promethium	Samarium
138.9	140.1	140.9	144.2	(145)	150.4

89	90	91	92	93	94
Ac	Th	Pa	U	Np	Pu
악티늄	토륨	프로트악티늄	우라늄	넵투늄	플루토늄
Actinium	Thorium	Protactinium	Uranium	Neptunium	Plutonium
(227)	232.0	231.0	238.0	(237)	(239)

※안정 동위원소가 없고 동위 원소의 천연 존재비가 일정하지 않은 원소의 경우 그 원소의 대표적인 동위원소의 질량수를 ( ) 안에 표시함.

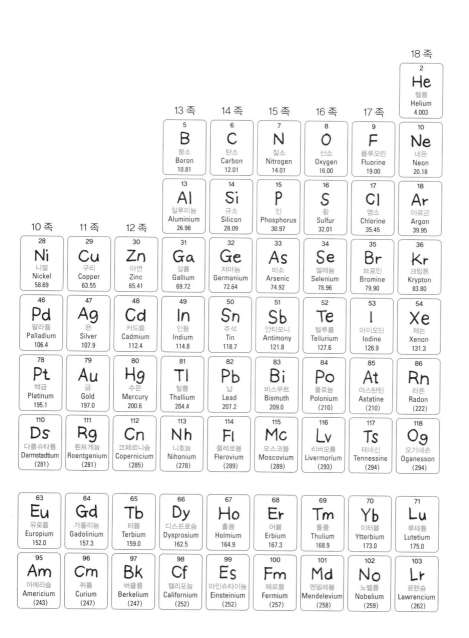

머리말

무서운 원소라는 건 과연 무엇일까?

이 질문에 대해 머릿속에 가장 먼저 떠오른 것은 '치명적이고 독성이 있는 원소' '폭발성이 있는 원소' '환경을 파괴하는 원소'였다. 이런 표현은 《재밌어서 밤새 읽는 화학 이야기》《재밌어서 밤새 읽는 원소 이야기》《무섭지만 재밌어서 밤새 읽는 화학 이야기》(모두 더숲 출간)에도 다양한 사례로 썼던 기억이 있다.

무서운 원소에 대해서는 이전에 이미 다룬 바 있지만, 이번 책에서는 더 구체적으로 파헤쳐 새로운 관점에서 색다른 주제로 다루었다.

주제와 관련된 내용을 구상하다가 '내가 독자들에게 가장 전하고 싶은 건 뭘까?'를 스스로 자문해봤다. 독성과 치사성이 있는 원소, 폭발성이 있는 원소는 물론이고 공해 문제와 관련된 원소에 대해서도 자세히 소개해야겠다는 생각이 들었다.

반세기 정도의 시간이 지난 이야기지만 1960년대의 일본은 '공해 열도'라 불릴 만큼 대기오염과 수질오염이 매우 심각했다. 그 당시 외국에서 공해 연구자들이 일본을 방문하면 매우 다양한 공해 사례들을 목격하면서 '일본은 공해 백화점이다'라는 평을 남겼을 정도다.

공장에서 배출되는 각종 유독한 배기가스와 오염수로 인해 천식 환자가 급증했고 미나마타병(1956년 일본의 구마모토현 미나마타시에서 메틸수은이 포함된 어패류를 먹은 주민들에게서 집단으로 발생해 사회적으로 큰 문제가 된 공해병—옮긴이), 이타이이타이병(1946년 일본 도야마현 진즈강 유역에서 발생한 공해병. 카드뮴의 만성중독으로 신장 장애를 일으켜 골연화증을 가져옴—옮긴이)이라는 무서운 병에 걸린 환자들이 잇따라 발생했다(자세한 내용은 이 책의 3장 109~131쪽 참조). 그런데도 기업이나 기업 편에 선 학자들은 기업의 책임을 쉽게 인정하지 않았다.

그러나 이에 분노하는 여론의 목소리가 커지고 공해에 반대하는 활동이 활발해지면서 기업의 잘못을 조사하고 진실을 파악하는 '공해 국회'가 열리게 되었고 마침내 공해 관련 기본법과 개정안이 제정되어 기업과 정부가 피해자들에 대한 보상과 관련 문제의 대책을 마련하기 시작했다.

기업이 기본적으로 이윤을 추구하는 조직이라는 것을 인정한다고 해서 뭐든지 용납되는 것은 결코 아니다.

이런 뼈아픈 과거들이 있었기에 일본은 공해의 원인이 될 만한 여러 요소를 제거하는 기술을 개발하면서 환경 기술 분야를 발전시킬 수 있었다.

요즘도 학교 수업에서 공해에 대해 가르치고 있으나 시간이 지나면서 과거에는 심각하게 여겼던 공해 문제들이 점점 잊히는 듯하다. 게다가 10대나 20대들에게는 자신들이 태어나기도 훨씬 전에 일어난 일들이어서 마치 다른 나라 이야기처럼 들릴 수도 있을 것이다.

그러나 공해 문제야말로 환경 문제의 출발점이다. 가끔은 과거를 돌아보며 사람들을 고통에 빠뜨리게 한 공해에 대해 생각해봐야 하지 않을까.

이 책에서는 '원소에 얽힌 대표적 공해 문제' '저급 공업용 제품을 식용으로 사용하여 발생한 중독 사건' '연소기구를 불법 개조하여 일어난 일산화 탄소 중독 사건' 등을 다루면서 훗날 이와 유사한 불상사가 일어나지 않도록 경종을 울릴 생각이다.

또 하나 다룰 주제는 지구 종말 시계가 경고하듯 '핵전쟁과 환경 파괴로 멸망을 향해가는 지구'와 '원소 자원을 둘러싼 전 지구적 위기'에 관한 것이다. 그와 관련해 핵분열과 핵융합의 원리, 헬륨 대란과 희소 금속(레어 메탈)을 둘러싼 문제도 담겨 있다.

이번 책에서 원소 자원에 대해 좀 더 많이 소개할 수도 있었으나 이미 《무섭지만 재밌어서 밤새 읽는 화학 이야기》에서도 다룬 내용이라 일부러 배제한 주제들이 몇 가지 있다. 그 내용이 궁금한 독자들은 그 책도 함께 읽어보기를 바란다.

원소 이야기를 통해 공해 및 환경 문제와 원소 자원에 대해 다시 한번 생각해보는 계기가 되기를 바란다.

사마키 다케오

차례

1장

주변에 넘쳐나는
위험한 화학물질 사고

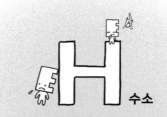

수소

수소를 공포의 대명사로 만든 힌덴부르크호 화재 사건

세계 최대 비행선 힌덴부르크호 화재 사건

1937년 5월 6일, 대서양 횡단에 성공하여 전 세계를 흥분의 도가니로 몰아넣은 독일 비행선 힌덴부르크호가 군중과 매스컴이 환호하는 가운데 드디어 미국 뉴저지주 레이크허스트 해군비행장에 도착했다. 당시 힌덴부르크호는 세계 최대 규모로 알려져 있었다.

힌덴부르크호가 계류(일정한 곳을 벗어나지 못하도록 밧줄 같은 것으로 붙잡아 매어놓음—옮긴이)를 위해 계류탑에 밧줄을 내리는데 밧줄이 탑에 닿는 순간 비행선에 잔류해 있던 정전기로 인해 불꽃이 발생했다. 이것이 비행선 뒷부분의 윗날개 부근에서 배출되고 있던 수소로 옮겨붙으면서 순식간에 불이 번졌다.

◆ 타오르는 힌덴부르크호

출처 : The Hindenburg Disaster 〈AIRSHIPS.NET〉

힌덴부르크호는 뒷부분부터 추락했고 불은 삽시간에 비행선 전체로 퍼지면서 비행선 본체에 실려 있던 19만m³에 이르는 수소가스와 비행선 외피를 불태웠다. 이 사고로 승무원과 승객 97명 중 35명과 지상 작업원 1명이 사망했다. 취재하러 나온 언론을 통해 화재와 추락하는 모습이 고스란히 촬영되었고 불지옥과도 같은 영상은 사람들 뇌리에 수소에 대한 공포를 각인시켰다.

‘폭발’이 아닌 ‘화재’ 사건으로 표기한 이유

폭발이란 ‘압력의 갑작스러운 발생으로 격렬한 소리와 함께 가스가 파열하거나 팽창하는 것’(웹스터 사전)이다.

폭발에는 원자핵 폭발, 물리적 폭발, 화학적 폭발이 있다. 이 사건과 관련된 수소와 산소(공기)의 폭발은 화학 변화가 원인이므로 화학적 폭발이라 할 수 있다. 앞으로 이 장에서 거론되는 폭발은 화학적 폭발을 의미한다는 것을 밝혀둔다.

가연성 가스와 산소(공기)가 적절한 비율로 혼합된 상태에서 불이 붙으면 폭발이 일어난다. 가연성 가스가 공기(질소 78% + 산소 21%)와 혼합된다고 해서 무조건 연소하는 것은 아니다.

폭발을 일으키는 연소 농도의 범위, 즉 폭발이 일어나는 공기 중 가연성 가스의 비율을 폭발한계, 또는 연소한계라고도 한다. 공기 중 수소의 폭발한계는 부피 농도 비율로 하한계 4%에서 상한계 75%까지다.

폭발한계를 벗어난 농도에서는 폭발하지 않는다. 예를 들어 수소 80%, 공기 20%의 혼합기체는 상한계인 75%를 벗어나므로 점화해도 폭발, 즉 연소하지 않는다. 단, 주위에 공기가 있으면 수소가 공기로부터 산소를 공급받아 연소할 수 있다. 다음의 표를 보면 수소는 메탄이나 프로판보다 폭발한계의 범위가 매우 넓음을 알 수 있다. 어떤 물질이든 폭발 하한과 상한의 범위가 넓을수록 위험하다.

힌덴부르크호는 수소 99%를 충전한 가스 주머니 16개(수소 전체로는 약 20만m³)를 싣고 있었다. 가스 주머니 안의 수소는 폭발한계 상한계인 75%를 훨씬 웃돌았으므로 점화되어 수소가 연소해도 폭발은 일어나지 않았을 것이다. 불이 나기 시작해서 모두 불탈 때까

◆ 주요 가연성 가스의 폭발한계(부피 농도)

가스	농도(공기 중)	비고
수소	4.0~75%	폭발한계가 넓으므로 위험
일산화 탄소	12.5~74%	독성이 있으며 폭발한계가 넓음
메탄	5.3~14%	공기보다 가벼움
프로판	2.1~9.5%	공기보다 무겁고 바닥에 깔리며 하한계가 낮음

지 걸린 시간은 30초대로 알려져 있는데 만약 폭발이었다면 더 순식간에 일어났을 것이다. 게다가 폭발음도 없었다.

이 사건은 흔히 수소의 폭발로 알려져 있으나 화학적으로 보면 수소의 확산 연소에 따른 가스 화재다. 그래서 이 책에서는 일부러 '폭발' 사건이 아닌 '화재' 사건으로 표기했다.

힌덴부르크호 화재 사건 이전에는 비행선의 시대

1903년 미국의 라이트 형제인 형 윌버(Wilbur, 1867~1912)와 동생 오빌(Orville, 1871~1948)은 세계 최초로 동력 비행에 성공한다. 이어서 프랑스의 루이 블레리오(Louis Blériot, 1872~1936)도 1909년 처음으로 영국과 프랑스 사이의 도버 해협 횡단 비행에 성공한다.

그러나 당시 비행기는 20명도 채 태울 수 없는 규모였다.

독일의 체펠린(Zeppelin)사는 1910년 6월 22일, 승객 20명을 태우고 독일 국내 약 480km의 비행선 수송을 시작했다. 20세기 초의 비행선은 비행기보다 안전하면서도 탑재량이 많고 장시간 비행까지 가능한 운송 수단이었다.

제1차 세계대전이 시작되자 독일은 비행선을 폭격기로 이용하여 영국을 공습한다. 그러나 비행기의 발전에 따라 비행선은 비행기에 격추된다. 그 후 독일은 비행선을 이용한 폭격을 중단한다. 제1차 세계대전 후에는 비행선의 탑재량이 늘어났고 항속 성능과 쾌적성 또한 향상되었다.

한편, 초기의 비행기는 보편적으로 이용하기엔 아직 항속거리가 짧았고 탑재량도 적고 쾌적성 또한 낮았기 때문에 비행선이 대서양 횡단의 정기 수송과 세계 일주 비행 등에 활용되었다. 힌덴부르크호는 1931~36년에 걸쳐 체펠린사가 당시 최첨단 기술을 구사하여 만든 최대급 호화 비행선이었다. 1936년에는 50회나 비행하면서 대서양 항로를 거의 독점하다시피 했다.

힌덴부르크호 사고 이후 거의 완성단계에 있던 그라프체펠린(Graf Zeppelin)II호는 수소가 아닌 헬륨을 사용하도록 설계가 변경되었다. 하지만 정치적 이유로 헬륨 산출국인 미국으로부터 헬륨을 수입할 수 없게 되었다. 그래서 비행선 그라프체펠린II호는 상업용으로는 쓰이지 못하고 영국 상공을 정찰하거나 비밀리에 정보를 수

집하는 임무에만 사용되었다.

  제2차 세계대전이 끝난 뒤 비행선 시대는 막을 내렸다. 비행기가 대형화되고 여객과 화물의 장거리 수송이 가능해지면서 오늘날에 이르렀다.

힌덴부르크호 화재 원인은 여전히 오리무중

1997년 미국 NASA 케네디 우주센터 전직 수소기획부장이었던 직원은 당시의 증언과 영상, 실물 외피 분석 등을 종합해볼 때 화재의 원인은 힌덴부르크호 선체 외피의 산화철·알루미늄 혼합 도료에 있다고 발표했다.

  힌덴부르크호에는 태양광과 대기로부터 선체 외피의 재료를 보호하기 위해 산화철과 알루미늄 분말이 함유된 도료가 칠해져 있었다. 산화철과 알루미늄 분말의 혼합물을 테르밋(thermite)이라고 한다. 이것에 불이 붙으면 격렬한 반응이 일어나면서 철이 녹는다. NASA 직원의 주장은 정전기에 의한 불꽃이 알루미늄 분말에 옮겨붙으면서 선체 표면 전체에서 격렬한 반응이 일어나 순식간에 불이 붙었으리라는 것이다.

  이 사고는 대중에게 '수소는 위험하다!'라는 인식을 강하게 심어 줬는데 어쩌면 수소가 모든 책임을 뒤집어쓴 걸지도 모른다. 이 사고의 원인은 아직도 명확히 밝혀지지 않았다.

항공수송에서 비행선이 활약한 시대는 짧게 끝났다. 불분명한 힌덴부르크호 사고의 원인은 수많은 가설을 낳았으며 지금까지도 여전히 이를 소재로 한 책과 영화가 만들어지고 있다. 그중 하나가 최근 디스커버리 채널에서 방영된 프로그램이다.

디스커버리 채널의 재검증

2021년 11월, 디스커버리 채널에서 방영된 프로그램은 힌덴부르크호 사고의 원인을 찾아나서는 내용이었다.

필자는 이 프로그램을 보면서 수소를 연료로 사용한 데 대해 다소 의문이 들었다. 왜냐하면 이 사고에서 수소는 연료가 아니라 부력원(浮力源)이었기 때문이다. 힌덴부르크호의 추진동력은 메르세데스 벤츠가 제작한 1,200마력의 디젤엔진 4대였다.

디스커버리 채널이 재검증으로 내린 결론은 다음과 같다.

먼저 16개의 가스 주머니 안에는 거의 순수한 수소가 들어 있기 때문에 주머니 내부에 불꽃이 튀더라도 점화되지 않는다는 것을 확인했다. 수소가 연소하기 시작한다는 것은 수소가 주머니에서 누출되어 공기와 혼합되었다는 뜻이다. 그 원인은 구리 와이어가 끊어졌기 때문으로 추정했다.

선체의 금속제 골조에는 부식 방지제가 도포되어 있었으나 구리 와이어에 부식이 일어나면서 균열이 생겼고 와이어가 줄었다 늘어났다를 반복하는 사이 끊어진 것으로 추정했다. 말하자면, 힌덴부르크호가 비행한 고도는 약 200m 상공이어서 습기와 해수 염분의 영향으로 와이어가 부식되었고 부식으로 끊어진 와이어 끝 부분이 얇은 라텍스(고무막)로 보강한 고(高)기밀성 면 소재 가스 주머니에 구멍을 뚫은 것으로 추측했다.

무엇이 수소에 불을 붙였을까?

이 프로그램에서는 한 가지 실험을 했다. 선체 외피 아래에 외피를 두르는 목재 골조로 나무막대기를 넣고 여기에 금속제 골조로 알루미늄 파이프를 설치했다. 계류 로프는 금속제 골조에 연결해서 쌓여 있던 정전기를 지면 쪽으로 방전시키도록 했다.

사고 당일의 날씨는 천둥과 번개를 동반한 강한 비가 내렸으므로 외피 표면은 물에 젖어 있었다. 프로그램에서는 사고 당일 폭풍우로 선체 외피에 정전기가 쌓여 있었고 이것이 금속제 골조들 사이에서 방전되어 불꽃이 발생했을 거라는 가설을 검증하려고 했다.

선체 외피와 알루미늄 파이프 사이에 고전압을 단계적으로 걸었다. 2,000V에서 불꽃이 튀었다. 프로그램은 '이로써 드디어 오랜 미스터리가 풀렸다'고 결론지었다.

필자는 이 프로그램의 내용 가운데 공기나 산소가 공급되는 조건에서는 수소가 다른 여러 연료 중 점화하는 데 가장 에너지가 적게 드는 연료이므로 방전에 의한 불꽃이 점화원이 될 수 있다는 점에는 수긍이 갔다. 예를 들어, 수소를 직접 연료로 사용하는 수소자동차의 경우 점화하는 데 가솔린차처럼 대형 배터리는 필요 없고 가스 점화기처럼 세라믹 압전기를 이용한 작은 점화기 정도만 있으면 충분하다.

반면, 앞서 언급한 외피의 테르밋 점화설의 경우 방전에 의한 불꽃 정도로 과연 알루미늄 분말에 불이 붙을까 하는 의문이 든다. 필자는 여러 번 테르밋을 반응시킨 적이 있는데 점화원으로 얇은 테이프 모양의 마그네슘(마그네슘 리본)에 불을 붙일 때 일어나는 격렬한 연소반응을 이용했다.

디스커버리 채널 프로그램은 맨 마지막에 "수소 비행선이 하늘을 나는 모습을 또다시 볼 수 있을지도 모릅니다"라는 대사와 함께 실험 제작에 몰두하는 한 연구자를 소개했다.

헬륨을 이용하면 고가의 비용이 들지만 수소는 비용이 훨씬 적게 든다. 비행선의 부활에는 헬륨의 고비용이 장벽으로 남아 있다. 하지만 수소를 사용하더라도 안전성은 현재 사용되는 소재와 기술력으로 충분히 확보할 수 있을 것으로 보인다.

프로그램에서 소개한 비행선 연구자는 가벼우면서 전기 전도성도 뛰어나며, 내구성과 내식성 높은 탄소섬유를 선체 골조로 사용했다.

힌덴부르크호 화재 사건이 세계의 수소에너지 활용을 늦추다

1973년은 원유 가격이 급등하면서 세계 경제를 큰 혼란에 빠뜨린 제1차 석유파동이 일어난 해다. 세계는 이 에너지 문제를 계기로 석유에 의존하지 않는 에너지를 찾기 시작했다. 일본의 경우 그 이듬해부터 국가 프로젝트로 에너지 위기 대응, 무공해 사회 건설을 목표로 통상산업성(현 경제산업성)이 내세운 태양에너지, 지열에너지, 수소에너지 등의 신에너지 기술개발계획인 '선샤인 계획'을 진행하기 시작한다. 전 세계적으로 수소에너지를 활용하는 수소 사회로의 변화는 지금도 꾸준히 진행되고 있다.

선샤인 계획이 시작된 1974년 7월 수소에너지 연구의 선구자로 유명한 오타 도키오(太田時男·당시 요코하마국립대학 공학부 교수)가 《수소에너지(水素エネルギー)》를 출간했다. 이 책에서 그는 최근 "고갈되는 석유를 대체할 21세기 에너지로 무공해이고 무한한 수소가 각광받고 있으며 각 분야에서 실용화를 위한 연구가 진행되고 있다. 이 책은 이 신에너지에 대해 다각도에서 명확하게 해설하는 동시에 석유 문명으로부터의 대전환을 강력히 주장한다"고 밝혔다. 또 그는 책에서 힌덴부르크호 사건에 대해 "수소 측면에서도 미증유의 재난이었다. 그 후 수소는 전 세계에 공포의 대명사가 되어 부당하게도 오랜 세월 동안 홀대받게 되었다"라고 평가했다.

그리고 다음과 같이 말했다.

"힌덴부르크호 폭발 당시 세상은 평온함에 '지루함을 느끼는' 상태였다. 사람들은 사건이 터지기를 바라며 단조로운 일상을 한탄했다. 게다가 항공에 대한 관심이 높아지고 있던 때에 사건이 터졌고 이것이 지나치게 선전되면서 수소에 대한 인식이 더욱 나빠졌다. 특히 '이보다 더 확실한 교재는 없다'라고 믿어 의심치 않은 전 세계의 교사들이 충분한 과학적 검증도 없이 수소의 위험성에 대해 학생들에게 득의양양하게 가르쳤다.

이때 배운 학생들이 자라 지금의 40대 후반에서 50대의 어른이 되어 세상을 주도해 나가고 있다. 하얀 도화지에 쓰인 글씨처럼 수소의 위험성은 선명하게 학생들의 머릿속에 각인되었다. 세계의 공포(public fear)라 불리는 '수소 공포증'을 과학적으로 극복하는 것은 에너지 문제를 해결하는 핵심 열쇠가 되었다."

수소에너지를 실감하는 과학실험 강좌

오타 도키오는 이 책에서 "중학생 여러분, 여러분이 살아갈 21세기야말로 수소 세상이 될 것이다. (중략) 에너지 문제에서도 교육이 기본이라는 사실을 몸소 실감하고 있다. 이런 교육이 없다면 21세기에 대한 전망은 비관적일 수밖에 없다"라고 하면서 젊은 세대에게 수소에너지 활용에 대한 큰 기대를 나타냈다.

하지만 기체의 성질을 본격적으로 배우기 시작하는 중학교 1학년 과학 교과서에서 수소를 발생시키고 수소의 성질을 조사하는 실험은 학생들이 직접 시도하는 주된 실험이 아니다. 그나마 있더라도 간략하게 넘어가거나 건너뛰어도 되는 것으로 설정되어 있다. 학교에서 실험하다 수소 폭발이라도 발생하면 곤란하기 때문인 듯하다.

필자는 종종 초·중학생을 대상으로 '미래 에너지로 기대되는 수소를 탐구하자!'라는 주제로 과학실험 강좌를 개설하고 있다. 미래 에너지의 유력한 후보 중 하나가 수소에너지라는 사실을 알고 그 에너지를 실험하면서 직접 체험해보는 것이 목적이다.

이 강좌의 내용은 '수소와 산소가 합체(화학 변화)할 때 발생하는 열에너지나 전기에너지를 일상생활에 활용할 수 있도록 연구개발이 진행되고 있다. 만약 이것이 실현된다면 수소 사회가 될 것이다' '수소 가스는 가장 가벼운 기체. 수소의 무게는 공기의 14분의 1이다. 수소 가스 다음으로 가벼운 기체는 헬륨으로 수소의 무게는 헬륨의 약 2분의 1이다' '수소는 연소하면 물이 된다' '수소와 산소를 혼합해서 불을 붙이면 폭발한다' 등으로 구성되어 있다.

직접 제작한 물의 전기 분해 장치를 이용해 물을 분해하여 수소 2 : 산소 1 용적 비율의 혼합기체를 만든다. 만들어진 수소와 산소로 거품방울을 만든 다음 공중에 띄워서 폭발시키거나 거품방울을 손바닥 위에 만들어서 여기에 불을 붙여 폭발시키는 실험을 하기도 한다.

그러는 동안 10m 정도 길이의 비닐 튜브에 전기 분해로 발생시킨 수소와 산소를 투입하여 꽉 채워놓는다. 한쪽 끝에 빨대를 꽂아 이를 구부려 봉쇄하고, 다른 한쪽은 열어서 가스가 흘러나오도록 한다. 그리고 불꽃만 튀도록 만들어진 압전소자(압력을 가하면 전기가 생성되는 소자) 가스라이터 끝을 열린 튜브 한쪽 끝에 꽂는다.

비닐 튜브를 모두가 함께 손으로 쥔 상태에서 가스라이터의 압전소자를 누르면 튜브 안에서 폭발이 일어난다. 폭발음과 동시에 눈앞에서 불길이 지나가고 튜브 안이 뿌예지면서 물이 생성된 것을 볼 수 있다.

여전히 수소에너지 활용에는 많은 장벽이 남아 있으나 연구는 계속되고 있다. 강좌를 끝내며 앞으로 젊은 세대의 활약을 기대한다는 말로 마무리한다.

안전한 줄만 알았던
헬륨 가스 사고와 헬륨 대란

풍선과 기구로 우리에게 친숙한 무독성 헬륨 가스

헬륨은 무색·무미·무취인 기체로 수소 다음으로 가볍다. 불이 전혀 붙지 않으므로 풍선이나 기구, 비행선 등에 쓰인다.

헬륨은 아르곤, 네온 등과 함께 비활성 기체 중 하나로 다른 원소와 결합하지 않고 홀로 존재한다. 우주 전체로 보면 수소 다음으로 많이 존재하나 지구에는 아주 적은 양만 존재한다. 수소와 마찬가지로 지구 중력으로 잡아두지 못할 만큼 가벼워서 우주 공간으로 날아가 버리기 때문이다.

헬륨의 끓는점은 −269℃로 매우 낮아서 액체 헬륨은 절대 영도(−273℃) 부근까지 냉각할 수 있다. 이런 특성 때문에 리니어모터카의 초전도 코일이나 실험실의 실험 냉각제 등으로 사용된다.

일상에서 헬륨 가스는 목소리를 변성시키는 파티용품으로 사용되고 있다. 헬륨은 공기보다 밀도가 작고 소리 전달 속도가 빠르므로 헬륨 가스를 마시고 목소리를 내면 고음으로 들린다. 단, 산소 결핍을 방지하기 위해 파티용품 헬륨 가스는 헬륨 80%, 산소 20%의 혼합기체가 사용된다.

헬륨 가스는 무독하나 산소 결핍을 초래한다

헬륨 가스 자체는 무독하지만 직접 흡입하거나 좁은 공간에 꽉 차면 산소가 부족해져서 산소 결핍에 빠질 위험이 크다.

실제로 풍선용 헬륨 가스(산소 0%)를 파티용 헬륨 가스(산소 함유)와 혼동해서 풍선용 헬륨 가스를 직접 흡입하다가 사망하는 사고가 종종 발생하고 있다.

자살 목적으로 헬륨 가스를 이용하는 사례도 늘고 있다. 2016년 발행된 기관잡지 〈중독연구 29〉에서 일본의과대학 무사시고스기 병원 응급센터의 야마무라 에이지 연구팀은 '헬륨 가스 흡입에 따른 자살 완수의 일례'라는 내용으로 다음과 같이 보고했다.

"30대 남성. 침대에서 비닐봉지를 뒤집어쓴 채 의식소실 상태로 발견됨. 구급대 접촉 시 이미 심정지 상태였고 병원 도착 시에도 심정지였음. 심폐소생술을 계속하여 심장박동이 재개됨. 머리 부분 CT

산소 농도	증상
16% 이하	호흡수 증가, 맥박수 증가, 두통, 구토, 집중력 저하
12% 이하	근력 저하, 어지러움, 구토, 체온 상승
10% 이하	안면 창백, 청색증, 의식 불명, 구토
8% 이하	혼수
6% 이하	경련, 호흡 정지

에서는 대뇌 피질과 수질 접합부의 불명확한 경계가 확인됨. 집중 치료에도 불구하고 내원 15시간 만에 사망""일본에서 헬륨 가스의 자살사례 보고는 아직 적지만 향후 증가할 가능성이 있음""목숨을 구하는 것에는 조기 발견이 가장 중요하며 발견 시부터 헬륨 흡입에 따른 저산소 상태로 판단하여 호흡·순환 관리를 실시해야 함."

이에 따르면, 헬륨 가스에 의한 중독이 아니라 헬륨 가스 흡입에 의한 저산소 상태, 산소 결핍 상태가 원인이었다. 위의 표는 산소 농도와 그에 따른 증상이다. 우리 주변의 공기는 약 21%의 산소를 포함하고 있다. 산소 결핍이란 어떤 원인으로 공기 중 산소 농도가 18% 미만이 되는 상태를 말한다.

뇌는 최대 산소 소비 기관으로 산소 부족에 가장 취약하다. 뇌로의 산소 공급이 정지되면 뇌세포는 순식간에 활동을 멈추고 단시간에 뇌 전체가 세포 파괴로 이어지면서 사멸하기 시작한다. 산소 결핍은 뇌 신경계의 기능 저하가 그 특징이다. 산소 농도가 16% 이하로 낮아지면 집중력이 떨어지기 시작한다.

공급 부족이 불러온 헬륨 대란

헬륨이 전 세계적으로 부족해지면서 공급에 차질이 생겨 가격이 폭등하고 있다. 과거에는 헬륨이라고 하면 흔히 비행선이나 풍선에 들어가거나 파티용품의 변성 가스에 쓰이는 정도로만 알려져 있었다. 하지만 최근에는 '헬륨 한 방울은 피 한 방울이나 마찬가지'라는 말이 있을 정도로 최첨단 전자산업이나 과학연구 분야에서 없어서는 안 될 매우 귀중한 자원이라는 사실도 많이 알려져 있는 듯하다. 바로 공급 부족으로 인한 헬륨 대란 현상 때문이다.

헬륨은 천연가스 중에 0.5~1% 함유되어 있고 천연가스 산출 시 부산물로 분리된 후 정제된다. 한국과 일본에는 헬륨이 함유된 천연가스 우물이 없으므로 전량 수입에 의존하고 있다. 헬륨 생산국은 2020년 시점에서 미국을 비롯해 카타르, 알제리 등 모두 7개국밖에 안 되며, 미국과 카타르가 상위 약 80%를 차지하고 있다. 헬륨의 수입 가격은 계속 오르고 있는데 헬륨은 필수적이라 수입할

◆ 세계 헬륨 생산국과 생산량 비중

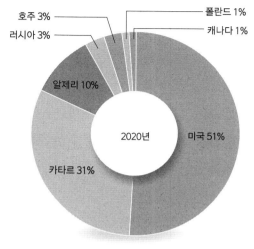

호주 3%
러시아 3%
폴란드 1%
캐나다 1%
알제리 10%
2020년
미국 51%
카타르 31%

출처 : 미국지질조사소(USGS), Iwatani Corporation

◆ 헬륨 수입 가격 최고치 돌파

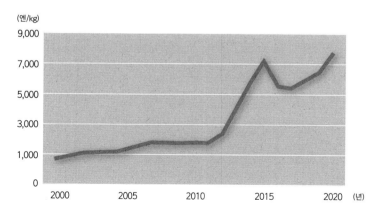

(엔/kg)

9,000

7,000

5,000

3,000

1,000

0

2000   2005   2010   2015   2020   (년)

출처 : 일본 재무성 무역통계, Iwatani Corporation

수밖에 없는 실정이다.

2019년 전 세계 액체 헬륨의 50% 이상을 생산하는 미국에서 액체 헬륨 생산 광산 한 곳을 폐쇄하면서 헬륨 수입국들에 비상이 걸렸다. 무엇보다 액체 헬륨을 이용해 초전도 핵융합 장치를 운용하는 국가핵융합연구소와 한국형 발사체를 개발하는 한국항공우주연구원이 당장 대비책을 마련해야 했다. 그 대안으로 제시된 것이 액체 헬륨의 재활용이었다.

이처럼 헬륨 대란은 전 세계에서 종종 일어나고 있다. 앞으로 헬륨 대란의 심각성은 피해갈 수 없을 듯하다.

헬륨은 어느 분야에 쓰일까?

헬륨은 비활성 기체 원소 중 하나로 화학적으로 비활성이다. 비활성 기체의 선두인 헬륨과 그 뒤를 잇는 네온에는 화합물이 없다. 헬륨은 가볍고 열전도가 잘되는 물질이며 끓는점이 가장 낮은 −269℃다. 액체 헬륨은 초저온으로 냉각이 가능한 특성 때문에 냉각제로 활용되는 산업가스다. 또한 극저온 상태에서 액체로 존재하므로 저온물리학 등의 과학 연구에 주로 활용된다. 헬륨의 용도는 기체로 사용하는 헬륨 가스와 액체로 사용하는 액체 헬륨으로 크게 나눌 수 있다.

그렇다면 헬륨은 어떤 분야에 쓰일까? 이제부터 헬륨 가스를 이용한 산업 및 의료 분야에서의 반도체와 광섬유의 제조, 액체 헬륨을 이용한 의료용 자기공명영상(MRI)에 대해 살펴보기로 하자.

반도체 제조

실리콘 웨이퍼(silicon wafer, 집적회로 제조의 토대가 되는 얇은 규소판—옮긴이) 위에 집적될 반도체 소자를 제작할 때 헬륨은 다양한 형태로 사용된다. 화학적으로 비활성이면서 열전도율이 높은 성질을 갖고 있기 때문이다. 헬륨 가스는 반도체 소자의 결정을 만들어내는 반응물질을 운반하는 캐리어 가스(carrier gas)로 쓰이기도 하고 화학반응실 내에서는 열에너지를 반응물질에 전달하는 역할을 하기도 한다.

반응 중인 웨이퍼 표면 온도를 균일하게 하여 반응의 불균일한 현상을 방지하는 효과도 있다. 그리고 반응 후에는 짧은 시간 안에 균일하면서도 덜 오염된 상태에서 냉각을 실행할 수 있도록 해준다.

광섬유 제조

1976년 일본에서 광섬유 제조법 중 하나인 기상축 붙임법(Vapor phase Axial Deposition)이 개발되었다. 이 방법은 회전하고 있는 석영 막대에 원료인 석영유리를 백색 입자 상태로 부착해 새하얗게 변하면 이를 수소-산소 화염으로 가열하여 무색투명하게 바꾸는 기술이다. 이때 분위기 가스로서 대량의 헬륨이 사용된다. 그리고 일부를 가열하여 광섬유에 선을 그을 때도 헬륨이 사용된다. 이 방법은 1980년 무렵부터 전 세계를 석권하면서 헬륨 사용량이 급격히 증가하게 되었다.

자기공명영상(MRI)

MRI는 자력에 의해 발생하는 강력한 자기장을 이용하여 인체의 장기와 혈관을 촬영하는 장치다. 암이나 뇌와 척추 등의 질환을 진단하는 데 사용된다. 다양한 각도로 자른 영상을 볼 수 있고 컴퓨터 단층촬영장치(CT)와 달리 방사선에 의한 의료 피폭이 없다. 액체 헬륨은 MRI의 초전도 자석을 냉각시키는 데 사용된다. 초전도 코일을 액체 헬륨에 넣고 전기저항이 제로가 된 상태에서 전류를 흘려 강한 전자석을 만들면 강력한 자기장이 형성된다.

헬륨 위기에 일본은 어떻게 대처할까?

종합 에너지사업 분야의 대기업인 일본의 이와타니 산업주식회사는 헬륨 위기의 대응책으로 미국에만 의존하던 수입처를 카타르를 비롯한 여러 나라로 확대, 수입하기로 했다. 2019년 12월 20일, 일본 물리학회를 중심으로 6개 학회, 2개 연구기관 연락회 등 39개 기관에서 작성한 긴급 공동성명 〈헬륨 재활용 사회를 목표로〉가 발표되었다. 그것의 대략적인 내용은 다음과 같다.

헬륨은 저온 실험과 초전도 자석을 이용한 고자장 측정 및 화학분석 등에 쓰이는, 기초연구에 필수적인 기체다. 또 화학반응을 전혀 일으키지 않는 안전성 및 초저온 냉각 기능처럼 다른 기체에는 없는 특성 때문에 학술 연구는 물론 반도체와 광섬유 등의 산업 분야에서 의료용 MRI에 이르기까지 널리 사용되고 있다. 미국 토지관리국이 보유하는 헬륨의 해외 판매 중단 및 불안정한 중동 정세로 인해 헬륨 수입량이 대폭 감소하고 있다.

반면 글로벌 반도체 산업 경쟁과 의료용 MRI 이용 확대로 전 세계적으로 헬륨 수요는 꾸준히 증가하고 있다. 이러한 정황에 따라 헬륨 수급에 차질이 생기면서 학술기관으로까지 그 영향이 나타나기 시작했다.

일본의 39개 연구기관이 발표한 긴급 공동성명은 다음의 세 가지 제안으로 구성되어 있다.

① 일본은 희소하고 귀중한 자원인 헬륨을 최대한 재활용하여 사용해야 한다.

② 연구기관인 헬륨 사용자, 관련 기업, 정부는 협력하여 헬륨 재활용을 추진하기 위한 환경을 조성하고 연구·기업 활동을 통한 재활용을 위해 노력해야 한다.

③ 미래의 헬륨 위기에 대비한 비축 시설을 정비해야 한다.

헬륨 조달처와의 협력 강화와 개발 권익의 확보 등 공급 면에서의 대책과 더불어 '생산 과정 재검토에 따른 헬륨 소비량 저감' '헬륨 회수·재액화(再液化) 장치 도입' '헬륨이 불필요한 신기술 개발' 등 수요 면에서의 대처방안도 제안하고 있다.

탄소

무색무취 소리 없는 암살자
일산화 탄소 중독의 공포

물체가 탈 때 발생하는 일산화 탄소의 농도는?

초등학교 교사인 필자의 친구 요코스카 아츠시가 기체의 농도를 측정하는 장치인 기체검지관(gas detecting tube)을 이용해 주변의 물건을 태웠을 때 발생하는 일산화 탄소의 농도를 측정했다. 집기병 안에 나무젓가락이나 양초를 태워 일산화 탄소 농도가 얼마인지를 측정한 실험으로, 여기에 그 결과를 소개한다.

실험에 사용한 기체검지관은 50mL 채취기용 일산화 탄소 검지관이다. 이 검지관은 25~400ppm의 범위를 측정할 수 있다. 측정 결과 '나무젓가락은 400ppm(=0.04%) 이상, 양초는 150ppm(=0.015%)'이었다. 의외로 나무젓가락이나 양초가 탈 때 많은 일산화 탄소가 발생한다는 것을 알 수 있다.

일산화 탄소는 물체가 탈 때 대부분 발생한다. 특히 숯, 연탄, 연료용 가스, 석유, 순간온수기, 난로가 불완전 연소를 일으키면 중독이 될 정도로 많은 양이 발생하기도 한다.

순간온수기 사용을 조심해야 하는 여유

먼저, 순간온수기의 종류별 주의사항을 살펴보자.

소형 순간온수기의 경우 배기가스가 밖으로 배출되기 쉬운 곳에 설치되어 있는지 살펴봐야 한다. 만약 그렇지 않다면 사용할 때 환풍기를 반드시 작동해 배기가스를 밖으로 배출시킨다. 그리고 급배기관이 막혀 있거나 빠져 있지 않은지 정기적으로 점검받아야 한다.

반밀폐식 순간온수기는 주로 욕실에 설치되는 기종으로 환풍기 설치 여부에 따라 다르지만 배기통 안에 새 둥지나 이물질이 끼어 있지 않은지 정기적으로 확인해야 한다. 실제로 어느 별장에서 새가 배기통 안에 둥지를 트는 바람에 욕실로 일산화 탄소가 역류하면서 목욕 중이던 사람과 확인차 방문한 사람이 사망했다는 기사를 본 적이 있다.

옥외설치식 순간온수기는 기기를 옥외에 설치하는 기종으로 겨울철에 쌓인 눈이 온수기를 덮으면서 배기가스가 실내로 역류하는 경우가 있다. 온수기 주변의 공기가 잘 통하도록 자주 청소한다.

이처럼 연소기구를 안전하게 사용하려면 정기적으로 점검을 의뢰해야 한다. 특히 연소할 때 냄새가 나거나 불꽃이 노란색을 띨 때는 사용을 중지하고 점검과 수리를 받는 것이 좋다. 공기 중에 일산화 탄소가 검출되면 경보음이 울리는 가정용 경보기를 설치하는 것도 한 방법이다.

불법 개조 순간온수기 일산화 탄소 중독 사건

한때 일본에서는 연소기구가 원래부터 불량으로 제조된 탓에 사용 도중 일산화 탄소가 발생하는 사건이 있었다.

1985년부터 2006년 사이 일본 파로마 공업주식회사가 제조한 순간온수기에 의한 일산화 탄소 중독 사건이다. 순간온수기를 불법 개조해 안전성에 큰 결함이 생겼고, 이 사고로 인해 21명의 사망자와 19명의 중·경증 환자가 발생했다. 누구나 일상적으로 사용하는 생활기구에 의한 중대한 사고였다.

그런데 왜 20년이라는 긴 세월 동안 계속 희생자가 발생했을까?

에바나 유코(江花優子)의 《당신을 죽인 건 누구인가요? : 파로마 순간온수기 사건의 진실(君は誰に殺されたのですか—パロマ湯沸器事件の真実)》은 이 사건을 추적한 실화를 바탕으로 쓴 책이다. 이 책을 참고로 순간온수기에 의한 일산화 탄소 중독 사건에 대한 일련의 흐름을 살펴보기로 하자.

시마네현 마츠에시에 거주하는 이시이 사토코 씨는 도쿄에 거주하는 장남 아츠시와 좀처럼 연락이 닿지 않자 도쿄에 사는 친구들에게 아들이 잘 지내고 있는지 한 번 방문해달라고 부탁한다. 그런데 친구들이 보고 온 것은 벌거벗은 채 죽어 있는 아츠시의 모습이었다.

사망 원인은 질병, 심장발작, 심부전으로 보고되었고 그 후 10년 동안 사토코 씨는 부모로서 아들에게 아무것도 해주지 못했다는 자책감으로 괴로워하며 하루하루를 보내고 있었다.

2006년 2월 13일 혹시 아츠시의 마지막 모습이 사진으로나마 남아 있지 않을까 하는 마음에 사토코 씨가 아카사카 경찰서로 전화를 걸면서 사건은 새 국면을 맞이하게 된다. 아카사카 경찰서에는 아들이 엎드린 모습의 사진밖에 남아 있지 않았으나 이어서 통화한 도쿄도 감찰 의무원으로부터 "사진은 없지만 사체 검안서는 남아 있으니 사인을 알고 싶으면 신청서를 제출해보라"는 말을 들었다. 2월 24일 도쿄도 감찰 의무원이 보낸 사체 검안서가 사토코 씨 집에 배달되었다.

'사망의 직접적 원인은 일산화 탄소 중독'이라는 글을 보고 사토코 씨는 순간 두 눈을 의심했다.

'뭐?! 일산화 탄소 중독? 그럼 자살이라고?'

그런데 사인의 종류에서 자살을 의미하는 항목에는 아무런 표시가 없었다.

'자살은 아니라는데… 일산화 탄소 중독이라니, 대체 어떻게 된 거야?'

소중한 생명을 앗아간 중대 중독 사고들

아들의 죽음에 대한 진실을 규명하고 싶다는 사토코 씨의 요청에 따라 이례적으로 재수사가 이루어졌다. 그 결과 파로마 공업주식회사가 불법으로 개조 및 제조한 순간온수기에서 일산화 탄소가 발생해 그로 인한 일산화 탄소 중독으로 사망했다는 사실이 드러났다.

더 놀라운 것은 파로마 공업주식회사가 제조한 순간온수기에 의한 일산화 탄소 중독 사고는 과거에도 여러 건 발생했다는 사실이었다. 이로 인한 사망사고는 1985년 1월부터 2005년 11월까지 20년 동안 13건이 발생했고 이로 인해 총 20명이 사망했다.

원인이 불법 개조였는데도 파로마는 "누가 불법 개조했는지는 아직 명백히 밝혀지지 않았다. 다만 약간의 지식만 있으면 일반인도 얼마든지 불법 개조할 수 있다", "전문가가 아닌 일반인은 절대로 불법 개조하지 말 것"이라는 식으로 마치 죽은 사람들이 마음대로 개조했다가 사고를 당했다는 식으로 입장 발표를 했고 사장 역시 전혀 사죄하지 않았다.

훗날 불법 개조의 주체는 파로마 제품의 수리를 맡았던 파로마 서비스센터인 것으로 밝혀졌다. 이에 파로마는 "파로마 서비스센터와는 자본 관계가 없으므로 계열사도 하청 업체도 아니다"라고 해명했으나 실제로는 정기 보고를 의무화하고 보수액 산정도 세세하게 규정하는 등 계약을 맺은 관계였던 것으로 드러났다.

파로마 서비스센터는 안전장치에 절대 해서는 안 되는 배선 변경을 실시했다. 정상적인 제품이라면 환풍기가 작동하지 않으면 가스가 연소하지 않는다. 그런데 불법 개조로 인해 가스가 연소하면서 불완전 연소가 일어났고 그 결과 일산화 탄소가 발생했던 것이다.

많은 소중한 생명을 앗아간 중대 사고들에 대해 파로마, 가스업계, 그리고 통상산업성은 이미 알고 있었음에도 불구하고 철저한 정보수집과 분석, 충분한 점검과 회수조치도 시행하지 않고 주의사항을 알리기는커녕 경종조차 울리지 않았다.

환기하지 않으면 일산화 탄소 중독 위험

가스·석유 난로나 팬히터 등 가스나 등유를 태우는 실내용 연소기구는 당연히 화재 안전에 주의해야 하고, 실내에 연소 가스를 발생시키는 형태라면 환기에도 주의를 기울여야 한다.

석유 1L를 연소하려면 약 9m³의 공기가 필요하고 이때 1.3m³의 이산화 탄소와 1.2m³의 수증기를 포함해 약 10m³의 배기가스가 배출된다. 천연가스(주성분은 메탄) 1m³를 연소하려면 약 11m³의 공기가 필요하고 1.2m³의 이산화 탄소와 2.2m³의 수증기를 포함해 약 10m³의 배기가스가 배출된다. 두 경우 모두 공기 중의 산소가 소비되므로 산소 결핍이 일어날 가능성이 있다.

일산화 탄소의 평소 공기 중 농도는 장소에 따라 달라지지만 보통 0.5ppm 정도다. 밀폐된 공간에서 연소기구를 사용하면 방 안의 산소 농도는 줄어든다. 산소 농도가 18%를 밑돌면 갑자기 연소기구의 연소 성능이 나빠지면서 불완전 연소가 일어나고 이때 배출되는 일산화 탄소의 양은 걷잡을 수 없이 급상승하기 시작한다. 실제로 일산화 탄소 중독은 밀폐된 실내, 닫힌 공간에서 연탄을 태우거나 연소기구, 휘발유 엔진을 사용할 때 일어난다.

일산화 탄소는 무색·무미·무취한 기체로, 그 존재를 감지하기가 매우 어려우나 독성은 매우 강력하다. 난로 등을 사용하는 겨울철에 특히 일산화 탄소 중독에 따른 사망 사고가 자주 발생한다. 일산화 탄소 농도 0.04%는 표준 크기의 욕실(5m³)에 2L 페트병 1개 부피의 일산화 탄소를 섞은 농도라 생각하면 된다. 이 정도만으로도 두통과 구토를 일으킬 만큼 독성이 강하다.

환기가 잘 안 되는 곳에서 물건을 태울 때 두통이나 구토가 난다면 위험 신호다. 만약 일산화 탄소 중독이 의심될 때는 환자를 신선한 공기가 흐르는 곳으로 옮기고 즉시 의사의 진료를 받아야 한다. 호흡 곤란이나 호흡 정지를 보이면 곧바로 인공호흡을 실시한다.

일산화 탄소 중독이 일어나는 과정

우리 몸에서 온몸의 각 세포로 산소를 운반하는 역할은 혈액의 적
혈구 속 헤모글로빈이 담당하고 있다. 산소는 폐에서 헤모글로빈과
결합하여 체내로 운반된다.

그런데 일산화 탄소는 혈액 중 헤모글로빈과 결합하는 힘이 산
소보다 약 250배나 강해서 헤모글로빈과 결합한 산소가 일산화 탄
소와 치환된다. 그 결과 혈액 중에 '일산화 탄소와 결합한 헤모글로
빈(일산화 탄소 헤모글로빈)'이 증가한다. 일산화 탄소 헤모글로빈이
0~30%에서는 비교적 증상이 가볍지만 30~40%가 되면 두통, 어
지러움, 보행 곤란 등의 증상이 나타난다. 50%가 넘으면 심한 두통,

◆ 일산화 탄소 중독 증상

흡입한 일산화 탄소 농도	흡입 시간과 중독 증상
0.02%(200ppm)	2~3시간 안에 가벼운 두통
0.04%(400ppm)	1~2시간 안에 두통이나 구토, 2시간 안에 실신
0.08%(800ppm)	20분 안에 두통, 어지러움, 구토, 2시간 안에 사망
0.32%(3200ppm)	5~10분 안에 두통, 어지러움, 30분 안에 사망

출처: 작업환경측정편람

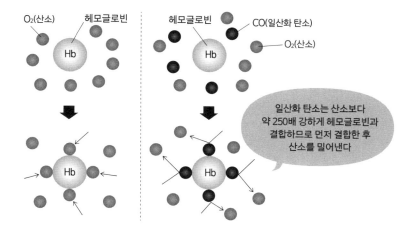

일산화 탄소는 산소보다 약 250배 강하게 헤모글로빈과 결합하므로 먼저 결합한 후 산소를 밀어낸다

의식 저하를 일으키고 간헐적으로 경련을 동반한 혼수상태가 된다. 70~80%에서는 호흡 저하, 호흡 부전에 따른 사망, 80% 이상에서는 급사를 일으키는 것으로 알려져 있다.

석유제품의 불완전 연소로 발생하는 일산화 탄소는 약 5%, 휘발유엔진 배기가스 중의 일산화 탄소는 1~10%나 된다. 밀폐된 장소에서 연소기구의 불완전 연소나 자동차의 공회전은 매우 위험하다.

일산화 탄소는 담배 연기에도 1~3% 정도 들어 있다. 일산화 탄소는 니코틴, 타르와 함께 담배에서 발생하는 3대 유해 물질 중 하나다.

이렇게 서로 잘 결합하는 일산화 탄소와 헤모글로빈이지만 그 결합 속도는 의외로 느려서 흡입하자마자 '일산화 탄소와 결합한 헤모글로빈'이 급상승하는 것은 아니다. 두통, 나른함, 어지러움 등의 증상에 즉시 대처하여 창문을 여는 등 환기를 하면 사고를 막을 수 있다. 환기만 잘하면 일산화 탄소는 발생한 곳에 오래 머물지 않기 때문이다.

물체를 연소시키는 장소는 바람이 잘 통하도록 하고 환기하는 것을 잊지 말아야 한다. 공기가 잘 안 통하는 좁은 공간에서 뭔가를 태우는 것은 금물이다.

이산화 탄소가 부족하면 과호흡 증후군 될 수도

이산화 탄소도 드물게 중독을 일으키기도 한다. 따라서 드라이아이스를 다룰 때는 주의가 필요하다. 체내 세포의 활동으로 만들어진 불필요한 이산화 탄소는 호흡으로 배출된다. 그런데 인체에는 어느 정도 이산화 탄소가 필요하다. 이산화 탄소가 부족해지면 과호흡 증후군이 일어날 수 있다. 갑자기 숨이 가빠지고 두근거림, 빈맥, 어지러움, 손발 저림, 간혹 경련이나 의식을 잃는 등의 발작을 반복하기도 한다.

한 임상연구 논문에 따르면, 과호흡 증후군이 전체 구급차 이송 환자의 7.3%를 차지했다고 한다. 특히, 젊은 층과 여성, 그리고 낮에 발병한 사례가 많았고 성별·연령층별 분포를 살펴보면 20대 여성이 가장 많았다고 한다.

　정서적 불안이나 극도의 긴장감 등에 따라 과호흡 상태가 되면 혈액 중 이산화 탄소 농도가 떨어지는 이른바 과호흡 증후군이 일어난다. 그러면 호흡을 관장하는 신경(호흡중추)에 의해 호흡이 억제되면서 숨이 차고 가빠지게 된다. 혈액 중 이산화 탄소 농도가 떨어지면 혈액이 정상의 pH(7.3~7.4의 약알칼리성)보다 더 알칼리성으로 변해 다양한 기능장애가 나타난다. 단백질의 고차구조에 변화가 생기고 효소 활성 등에 큰 영향을 미쳐 어지러움과 팔다리의 근육 기능이 떨어지는 원인이 된다.

　의식적으로 숨을 느리게 쉬거나 호흡을 멈추면 증상이 개선된다. 일반적으로 예후는 양호하며 몇 시간 안에 회복된다. 과호흡 증후군은 과도한 스트레스와 불안 등이 원인이므로 평상시 스트레스가 쌓이지 않도록 스스로 심리 상태를 잘 관리하는 것이 중요하다.

2장

원소의 위험과 발전이
공존하는 시대

B 붕소

과학실험용 유리 기구가
열에 강한 이유는?

집에서 화학실험을 하려면…

필자는 학교에서 하는 과학실험·화학실험 책을 몇 권 집필한 바 있다. 학교에는 다양한 실험용 기구가 있다. 시험관과 비커, 플라스크 등은 안을 훤히 다 들여다볼 수 있도록 유리로 만들어진다. 요즘 기구들은 내열성도 뛰어나다. 그래서 실험을 다룬 책에서는 보통 학교에서 흔히 볼 수 있는 실험용 기구를 이용한 실험들을 제시한다.

그런데 '집에서도 할 수 있는 과학실험·화학실험'이라고 하면 상황은 조금 달라진다. 가정집에는 학교에 있는 기본적인 시험관이나 비커, 플라스크 등을 대체할 만한 물건이 없기 때문이다.

안에 물질을 담기만 하는 용도라면 가정에도 실험용 기구를 대체할 만한 용기는 여럿 있다.

단순히 물질을 물에 녹이거나 혼합하는 정도면 대체 용기도 가능하지만 가열해야 한다면 대체 용기로는 어려울 수 있다. 조리용 내열성 유리 냄비 등도 대체가 가능하나 음식이 아닌 실험용 물질을 가열하는 데 조리용 냄비를 쓰기는 꺼려질 것이다.

과학실험용 유리 기구의 오랜 역사

인간은 불을 사용하기 시작하면서 토기나 유리를 만들고 광석에서 금속을 추출하게 되었다. 유리가 언제부터 만들어지기 시작했는지 그 기원은 확실치 않다. 현재 많은 연구자가 인정하는 가장 오래된 유리는 기원전 25세기경(약 4500년 전)에 만들어진 것으로 추정된다. 제작 장소는 티그리스·유프라테스강 유역에서 지중해 동해안까지 이르는 메소포타미아 지역으로, 이곳은 고대문명 발상지 중 하나며 '비옥한 초승달 지대(Fertile Crescent)'로 불린다.

메소포타미아의 유리는 이집트로 전해졌고 기원전 15세기경부터 유리병 등의 용기를 제조하기 시작한 이집트는 가장 발전된 유리 제조 지역이 되었다. 점차 유리 제품과 유리 기술은 세계로 널리 퍼져나갔다.

비커나 플라스크 등의 과학실험용 유리 기구의 대부분은 연금술 시대에 만들어지고 사용되기 시작했다.

연금술은 구리·납·수은 등의 비금속(卑金屬, 귀금속과 대조되는 금속—옮긴이)에서 금 같은 귀금속을 제조해내려는 비술(祕術)로 유럽·아라비아·중국·인도 등에서 성행했다. 유럽의 연금술은 2세기 때부터 이집트 알렉산드리아에서 시작되어 18세기 초까지 이어졌다.

비금속을 금으로 바꾸는 첫 단계인 '현자의 돌(lapis philosophorum)'을 만드는 데 실패하면서 금 만들기의 꿈은 결국 실현되지 못했다('현자의 돌' 관련 내용은 이 책의 4장 138~145쪽 참조). 그러나 화학물질에 대한 지식의 축적과 실험기술의 발달을 촉진하는 등 연금술이 근대 화학에 남긴 유산은 막대하다.

19세기 말, 가열이 가능한 내열 유리의 역사가 시작되다

현재 시험관이나 비커, 플라스크 등 가열 조작에 쓰이는 과학실험용 유리 기구는 내열 유리로 만들어진다. 필자는 예전에 염화 나트륨(소듐)을 가열 융해하여 무색투명한 액체로 만드는 실험을 내열 유리가 아닌 연질 유리 시험관으로 하는 실수를 저지른 적이 있다. 시험관은 염화 나트륨이 융해되기도 전에 바로 구부러졌다. 염화 나트륨의 녹는점은 800℃로, 내열 유리도 약간 변형될 정도의 온도다.

붕규산 유리로 불리는 내열 유리는 19세기 말 독일에서 개발되어 몇몇 공업제품으로 제작되었다. 이것은 조리 시 '식재료를 유리에 굽는' 데 사용되기 시작하면서 대중화되었다. 1939년 미국 코닝사는 오븐과 전자레인지 모두에서 요리가 가능한 직화용 내열 유리 제품을 발매했다. 코닝사는 현재 과학실험용 유리 기구의 대형 제조업체이기도 하다.

내열 유리 원료 붕규산의 정체

유리 중에서 가장 많이 쓰이는 유리는 유리창이나 유리병에 이용되는 소다석회 유리다. 소다석회 유리의 원료인 탄산 나트륨 대신 산화 규소를 쓰면 붕산과 규산으로 이루어진 붕규산 유리가 만들어진다. 붕규산 유리는 단단하면서 열에 강하고(약 820℃에서 물러짐) 약품에도 강하며 온도에 따른 변형이 작다.

유리가 열에 약한 이유는 열팽창률이 크기 때문이다. 열팽창률이란 일정 압력에서 온도에 따라 팽창하여 부피가 커지거나 수축하여 부피가 작아지거나 할 때의 비율이다. 가열해도 부피가 거의 늘어나지 않는, 열팽창률이 작은 재질은 잘 깨지지 않는다. 붕규산 유리는 일반 유리보다 열팽창률이 작아서 급가열·급냉각에 별로 영향을 받지 않는다. 내열 유리로 유명한 것은 코닝사의 '파이렉스'유리다. 내열성이 높아서 비커 등 실험용 유리 기구나 내열성 식기에 쓰인다.

과학실험용 유리 제품의 구매·판매금지법

'과학실험용 유리 제품을 자유롭게 사고팔 수 있게 되면 사람들의 안전에 위협이 될 수 있다'라는 신념을 바탕으로 과학실험용 유리 제품의 구매를 불법으로 규정하는 법안을 발의한 정치가가 있다. 미국 텍사스주 상원의원 밥 글래스고(Bob Glasgow, 1942~2023)가 그 주인공이다.

1989년에는 그가 발의한 '과학실험용 유리 제품을 구매하려면 당국의 허가를 받아야 한다'라는 법안이 가결되었다. 이에 텍사스주에서는 과학실험용 유리 제품을 구매·판매하는 것은 물론, 기증하는 것조차 경범죄로 취급되며 위반할 경우 최고 1년의 징역 또는 최고 4,000달러의 벌금이 부과되었다.

여기서 말하는 과학실험용 유리 제품이란 리비히 냉각기(Liebig condenser), 증류 장치, 진공 건조기, 3구 플라스크(3 necks round flask), 증류 플라스크 등이다.

1994년, 글래스고는 시험관이나 비커의 위협으로부터 주민을 보호해낸 공로를 인정받아 이그 노벨상(Ig Nobel Prize, '괴짜 노벨상'이라 불리는 상으로, 가공인물인 이그나시우스 노벨에서 이름을 따왔다—옮긴이) 화학상 수상자로 선정되었다.

그러나 수상자가 수상식 참석을 거부함에 따라 이그 노벨상 위원회는 글래스고에게 경의를 표하기 위해 대리인으로 과학실험용

◆ 냉각기를 포함한 증류 장치의 예

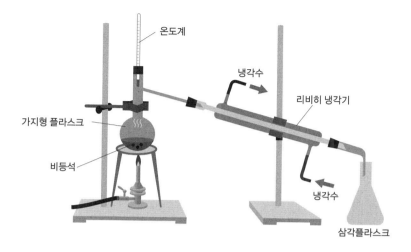

온도계

냉각수

리비히 냉각기

가지형 플라스크

비등석

냉각수

삼각플라스크

유리 제품 대형 제조회사에 참석을 의뢰했다. 이에 따라 코닝사의 대표인 팀 미첼(Tim Mitchell)이 수상식에 대리 참석하여 다음과 같은 수상 소감을 밝혔다.

"밥 글래스고 씨를 대신하여 이그 노벨 화학상을 받게 되었습니다. 이 기회를 통해 텍사스주에서 시행된 법률 때문에 현재 주목받고 있는 사회적 이슈와 과학적인 문제에 대해 말씀드리려고 합니다. 넓디넓은 미국 땅에서 과학실험용 유리 제품의 구매와 판매를 규제하는 곳은 텍사스주뿐입니다.

텍사스주에서도 이 어이없는 법률을 개정하려는 운동이 시민단체를 중심으로 일어나고 있습니다. 이 시민단체는 과학실험용 유리 제품 구매를 완전 금지하는 대신 5일간의 쿨링 오프(냉각 기간)를 마련하도록 주장하고 있습니다. 과학실험용 유리 제품을 위험한 목적으로 구매하려는 소비자라도 5일 정도 시간을 주면 이성적 판단을 되찾을 수 있을 거라는 게 그 근거입니다.

개인적으로는 쿨링 오프만으로 과연 대중의 안전성이 보장될지 불안합니다. 법률이 개정된다면 아마도 시험관이 가장 먼저 팔리기 시작할 것입니다. 사람들은 '고작 시험관이잖아'라고 생각할지 모르지만 실험에 대한 욕심은 나날이 커질 게 분명합니다.

실험실 구석에서 3구 플라스크나 속슬렛 추출기(고체 시료 속에 있는 비휘발성 물질을 일정한 양의 휘발성 용매로 추출하는 장치. 독일의 화학자 속슬렛이 고안함—옮긴이)를 만지작거리다가 고난도 실험기구를 기웃거리기까지는 그리 오랜 시간이 걸리지 않을 것입니다."

텍사스주를 제외하면 현재 과학실험용 유리 기구는 과학교재회사 상점이나 인터넷을 통해 자유롭게 구매할 수 있다. 실험기기 코너가 따로 마련되어 있는 마트나 잡화 쇼핑몰도 있다.

만약 여러분에게 과학실험용 시험관이 생긴다면 점점 고난도 실험기구에 욕심이 생겨 사게 되고 그러다가 불법 약물 등을 제조해 보고 싶은 마음이 생기게 될까?

플루오린

플루오린 순교자를 탄생시킨
화학자 킬러

자연에서 홑원소 물질로 산출되지 않는 플루오린

불소로도 불리는 플루오린은 주기율표 17족의 맨 앞에 있다. 일반적으로 홑원소 물질로 존재하지 않으며 플루오린 원자 2개가 결합한 플루오린 분자, 즉 흩어진 채 빠르게 움직이는 플루오린 기체로 존재한다. 플루오린 기체는 담황색으로 특이한 냄새가 난다.

자연계에서 플루오린은 홑원소 물질의 플루오린 기체로 산출되지 않고 형석(플루오린화 칼슘) 등의 플루오린화물로 존재한다. 왜냐면 플루오린은 다른 물질과 반응하는 화학작용이 매우 강해 거의 모든 원소와 반응하므로 홑원소 물질로는 존재할 수 없기 때문이다.

비활성이라 화합물을 만들지 못할 것으로 여겨졌던 비활성 기체 화합물 제1호는 1962년에 합성된 헥사플루오로백금산 제논 (XePtF6)이었다. 이를 계기로 제논과 플루오린의 플루오린화 제논 등의 화합물도 합성되었다. 고온에서 플루오린은 금이나 백금과도 반응한다. 수소와는 암실에서도 폭발적으로 반응하여 플루오린화 수소를 만든다. 물과 반응해서 플루오린화 수소, 산소, 오존을 발생 시킨다.

플루오린 기체는 눈, 코, 목 점막을 강하게 자극하며 고농도 기체 를 흡입하면 폐수종이나 기관지 폐렴을 일으킨다.

홑원소 물질로 분리해내려다 희생된 화학자들

19세기 초 아일랜드의 토머스와 조지 녹스 형제(Thomas & George Knox)는 실험 도중에 중독되었다. 동생 토머스는 죽다 살아났고 형 조지는 3년이나 병상에 누워 있었다. 그 외에 벨기에의 화학자 폴 린 루예(Paulin Louyet, 1818~1850)와 프랑스의 제롬 니클레(Jérôme Nicklès, 1820~1869)가 잇따라 사망했다.

1869년 조지 고어(George Gore, 1826~1908)는 플루오린화 수소 수용액을 전기 분해하여 수소와 산소를 얻어냈지만 그 혼합물은 즉 시 폭발했다. 다행히 다친 사람은 없었다.

1886년 프랑스의 앙리 무아상(Henri Moissan, 1852~1907)은 삼 플루오린화 인과 삼플루오린화 비소를 전기 분해하여 플루오린 기체를 발견하는 데 도전했다. 그러나 실험 도중 심각한 플루오린 중독에 빠져 한쪽 눈을 실명했다. 그런데도 무아상은 포기하지 않고 플루오린화 수소에 주목했다. 플루오린화 수소만으로는 전류가 흐르지 않으므로 전기 분해가 불가능하다. 백금 등의 귀금속 용기도 플루오린에 부식되어 망가져버린다.

그는 고심 끝에 플루오린화 수소 칼륨(KHF_2)의 용융(녹여서 섞음) 전기 분해에 의해 처음으로 플루오린을 원소 물질로 분리하는 데 성공했다. 플루오린화 수소 액체에 플루오린화 수소 칼륨을 녹인 것을 -50℃의 저온에서 백금, 이리듐 전극을 이용해 전기 분해했고 이때 발생한 플루오린 기체를 형석 용기에 포집해낸 것이다.

무아상은 플루오린을 홑원소 물질로 분리한, 즉 플루오린 기체를 얻은 공로로 1906년 노벨 화학상을 수상했다. 그해 러시아의 드미트리 멘델레예프(Dmitrii Ivanovich Mendeleev, 1834~1907)도 수상 후보로 올랐으나 한 표 차로 아쉽게 탈락했다. 이듬해 무아상은 급사했는데 원인은 아직도 미궁이다. 미국의 작가이자 과학해설자, 생화학자인 아이작 아시모프(Issac Asimov, 1920~1992)는 플루오린을 '여러 화학자를 죽인 담황색 암살자'라고 표현했다.

플루오린화 수소, 플루오린화 수소산(불산)의 중독

1771년 스웨덴의 칼 빌헬름 셸레(Carl Wilhelm Scheele, 1742~1786)

는 형석을 연구하다가 산으로 처리하면 유리를 녹이는 플루오린화 수소가 발생한다는 사실을 발견했다. 플루오린화 수소는 물에 잘 녹아서 플루오린화 수소산을 만든다. 그는 43세로 일찍 사망했는데 그 원인이 플루오린화 수소에 의한 중독이었을 가능성이 있다.

셸레는 플루오린화 수소 외에도 다양한 유기산과 무기산 등을 발견해낸 위대한 화학자다. 영국의 조지프 프리스틀리(Joseph Priestley, 1733~1804)보다 먼저 산소를 발견했고 그 밖에도 염소나 플루오린화 수소 등을 발견했다. 그러나 그의 업적은 간과되거나 그가 논문으로 발표하기 전에 다른 사람이 같은 결과물을 먼저 발표하는 바람에 아쉽게도 공적을 인정받지 못했다.

한편 그에게는 연구 재료를 꼭 혀로 핥는 이상한 버릇이 있었다. 심지어 청산(사이안화 수소 수용액) 등 극약마저도 핥았는데 그 탓이었는지 43세의 젊은 나이에 작업대 위에 엎드린 상태로 숨진 채 발견되었다. 주변에는 유독한 화학약품이 잔뜩 진열되어 있었다.

1800년 이탈리아의 알레산드로 볼타(Alessandro Volta, 1745~1827)가 발명한 전지를 사용하여 1813년 영국의 험프리 데이비(Humphrey Davy, 1778~1829)가 플루오린 홑원소 물질의 분리에 도전했다. 그러나 실험 도중 발생한 플루오린화 수소에 의해 단시간에 중독되는 급성중독을 일으켰다. 칼륨(포타슘)·나트륨(소듐)·칼슘·스트론튬·마그네슘·바륨·붕소를 차례로 분리해온 데이비도 플루오린만큼은 분리해내지 못하고 플루오린화 수소에 중독된 것이다.

플루오린화 수소에 의한 급성중독은 플루오린을 흡입하여 기침, 호흡곤란, 기관지 폐렴과 폐수종과 같은 심각한 증상을 일으킨다.

꿈의 물질에서 악마의 물질로

플루오린 화학은 플루오린 및 플루오린 화합물에 관한 화학이다. 플루오린은 독성과 용기 취급의 까다로움 때문에 그다지 많이 연구되지 않고 있었다.

그러다 제2차 세계대전을 전후하여 가장 먼저 냉매로서 무독성 기체 프레온이 제조되면서 플루오린 화학이 급속도로 발전하기 시작한다. 프레온은 미국 듀폰사가 만든 플루오린화 탄화수소의 상표명이다.

또 플루오린 수지(불소수지) '테플론(Teflon)'과 폴리에틸렌 등의 합성수지 용기가 보급되면서 플루오린 화합물 취급이 쉬워졌다. 테플론은 듀폰사에서 분사 독립한 미국의 다국적 기업 케무어스(Chemours)의 플루오린 수지의 상표명이다.

플루오린을 포함한 탄소 화합물인 프레온은 일반적으로 무색무취다. 화학적으로 안정적이며 금속을 부식시키지 않는다. 비폭발성, 불연성을 가지며 독성이 낮으므로 냉매, 스프레이 가스, 용매, 우레탄폼의 발포제 등에 이용되었다. 압축·팽창으로 쉽게 액화, 증발이 가능하여 냉장고나 에어컨 냉매로 뛰어난 성능을 나타냈다. 반도체 기판 세척에 사용하면 오염 없이 기판의 유분을 제거할 수 있어 정밀전자부품 제조에도 매우 좋은 물질이다.

스프레이 캔의 가스로 사용하면 낮은 압력에 불연성이라 안전성이 뛰어난 스프레이 상품을 실현할 수 있었다. 그래서 프레온은 꿈의 물질로서 공장과 가정에서 대량으로 사용되었다.

그런데 꿈의 물질로 찬양받던 프레온이 악마의 물질로 전락하는 사태가 발생한다. 프레온 가스가 대기 중으로 방출되면 성층권에 체류하여 오존층을 파괴한다는 사실이 밝혀진 것이다. 그래서 기존의 프레온과 유사한 구조 및 성질을 가지면서도 오존층을 파괴하지 않는 물질로 '대체 프레온'을 사용하게 되었다. 그런데 이 대체 프레온은 오존층을 파괴하는 성질은 약하나 이산화 탄소 온실효과가 수천에서 수만 배나 더 큰 물질이다.

현재 냉매로는 아이소뷰테인 등의 탄화수소를, 반도체 기판 세척에는 초순수 등을 사용하고 있다.

플루오린 포함 탄소 화합물의 주요 용도, 플루오린 수지

플루오린 수지는 1938년 미국 최대 화학공업회사 듀폰사의 로이 플런켓(Roy J. Plunkett) 박사에 의해 개발되었다.

플루오린 수지인 테플론은 열에 강하고 화학적으로 산이나 염기

에 반응하지 않으며 시너 등의 유기 용매에 녹지 않는다. 게다가 뛰어난 전기절연성을 지니고 있다. 비점착성과 낮은 마찰계수 등의 특징이 있고 유백색으로 매끈한 양초 같은 감촉을 지니고 있다.

그런 특징 때문에 자동차, 항공기, 반도체, 정보통신기기에서 생활용품에 이르기까지 폭넓게 활용되고 있다. 특히 테플론을 도포하여 음식이 눌어붙지 않는 프라이팬과 냄비 등의 조리용품으로 각광받고 있다. 테플론을 가공한 조리기구는 음식이 들러붙지 않으므로 기름을 적게 쓰거나 기름 없이 요리할 수 있고 요리 후 세척도 쉬워서 설거지 시간이 짧아진다. 테플론 조리도구를 오래 사용하려면 코팅이 벗겨지지 않도록 금속 조리기구나 끝이 날카로운 도구 대신 나무나 실리콘으로 된 도구를 사용하는 것이 좋다. 표면은 말린 상태로 보관한다. 표면에 묻은 수분을 제거할 때는 부드러운 종이나 천으로 닦도록 한다. 세척 때도 부드러운 스펀지에 세제를 묻혀서 씻는 것이 좋다.

단, 테플론 코팅은 영구적이지 않으므로 벗겨져도 사용하는 데 문제가 없는 조리기구를 선택하는 것이 좋다. 예를 들어 냄비의 경우 열전도가 좋은 알루미늄 재질의 두꺼운 냄비를 고르면 일부만 고온이 되는 일도 적고 테플론도 오래 유지되므로 벗겨지더라도 충분히 사용할 수 있다. 테플론 냄비의 우려되는 점은 사용하면서 조금씩 코팅이 벗겨지는 것이다. 벗겨진 테플론을 음식과 함께 섭취해도 문제는 없을까?

이에 대해 국제암연구소 및 식품의약품안전처는 "많은 연구기관에서 플루오린 수지(불소수지)를 검사한 결과 먹거나 흡입해도 독성이 없는 것으로 밝혀졌다. 일반적으로 프라이팬은 불소수지 3g 정도가 쓰이는데 만약 요리하면서 음식에 혼입된다 하더라도 아주 적은 양이다. 불소수지는 위장관에 흡수되지 않고 그대로 몸 밖으로 배출되므로 전혀 문제 될 것이 없다"라고 밝혔다.

단, 내용물 없이 가열하여 400℃ 이상의 온도가 되면 분해가 일어나면서 유독 가스가 발생한다. 이 유독 가스에 대해 미국식품의약국(FDA)은 "인체에 유해한 수준은 아니다"라는 연구 검토 결과를 내놓았다. 하지만 주의해서 나쁠 건 없으므로 내용물이 없는 상태로 가열하는 것은 피하는 것이 좋다. 이는 불소수지를 열화시키는 가장 큰 원인이기도 하다.

칼슘   마그네슘   알루미늄

CaMgAl

카메라 조명의 발전사와 함께한
칼슘·마그네슘·알루미늄

현재의 카메라 조명이 발전하기까지

1939년에 스트로보(일렉트로닉 플래시)가 실용화되었다. 현재의 스트로보는 콘덴서에 전기를 축적하여 제논램프에 한 번에 고전압을 걸어서 발광시킨다. 제논램프는 비활성 기체인 제논가스를 봉입한 관에 전극을 넣어 일어나는 방전으로 빛을 내는 램프다.

제논램프 대신 밝기가 매우 뛰어나고 발색이 좋아 연색성(演色性, 조명이 물체의 색감에 영향을 미치는 현상―옮긴이)이 높은 LED 전구도 쓰이고 있다. 광량 면에서는 제논램프에 못 미치나 연색성이 높은 LED 전구는 LED 여러 개를 조합해 촬영에 필요한 광량을 확보한다. LED 전구는 제논램프보다 발광 효율이 높고 낮은 전력으로도 발광이 가능하며 반응성이 좋다는 특징이 있다.

그런데 오늘날처럼 카메라 조명이 발전하기 전까지는 카메라맨과 카메라맨의 조수들이 겪은 수많은 고난의 역사가 있었다.

채플린 영화 〈라임라이트〉와 석회

찰리 채플린(1889~1977) 감독의 〈라임라이트(limelight)〉는 1952년에 제작된 미국 영화다. 영화의 줄거리는 이렇다.

왕년에 영국 최고의 희극인으로 잘나갔던 칼베로는 늙어서 중년이 되자 무대에서 밀려나게 되고 술에 찌든 나날을 보내고 있었다. 어느날, 그는 자살을 기도하다 의식을 잃고 쓰러져 있던 아름다운 발레리나 테리를 구해주고 헌신적으로 돌보면서 그녀가 다시 발레를 추도록 독려한다. 하지만 재기를 꿈꾸던 칼베로는 재기에 실패한다. 그와 반대로 테리는 발레리나로서 주목받으면서 유럽 각국에서 흥행에 성공하고 일약 스타로 성장한다. 칼베로를 잊지 못하던 그녀는 어느 날 그와 재회하고 그가 다시 한번 무대에 설 수 있도록 그를 위한 공연을 마련한다. 칼베로는 그 무대에서 너무 열연한 나머지 무대 아래로 떨어지는 사고를 당해 무대 뒤로 운반된다. 무대에서 떨어지다 심장마비를 일으킨 그는 선명한 라임라이트의 조명 아래에서 춤추는 테리를 바라보며 조용히 숨을 거둔다.

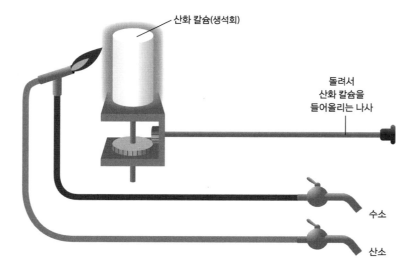

산화 칼슘(생석회)

돌려서
산화 칼슘을
들어올리는 나사

수소

산소

'in the limelight'란 '각광을 받다, 명성을 얻다'라는 뜻이다. '라이트(light)'는 빛인데 그럼 '라임(lime)'은 무슨 뜻일까? 필자가 미국 여행 중에 라임이라는 단어를 들은 곳은 캘리포니아의 석회동굴에서였다. 자연관찰 지도원의 설명 중에 들은 라임은 이른바 '석회'를 의미했다.

전기가 발명되기 이전에는 산화 칼슘(생석회) 앞에 볼록렌즈를 설치하여 가열된 석회에서 방출되는 빛을 모아 강렬한 빛을 만들어 무대를 비추었다. 1800년대 초에는 수소와 산소를 함께 연소시켜 그 불꽃으로 석회를 가열했다. 물론 당시는 수소 가스통이나 산소

가스통이 없던 시대이므로 무대 아래에 장치를 설치하여 수소와 산소를 발생시켰다. 수소는 황산에 아연을 반응시켜 얻었고 풀무 모양의 주머니에 채집했다. 산소는 염소산 칼륨에 촉매(반응 전후로 그 자체는 변화하지 않으면서 반응을 촉진하는 물질)로 이산화 망가니즈를 넣고 가열하여 가스 주머니에 채집했다.

조명이 필요할 경우 수소 주머니와 산소 주머니를 관으로 연결한 뒤 가스를 분출하여 연소시켰다. 석회는 고온의 산수소 불꽃(약 2,400~2,700℃)으로 가열하면 흑체 방사(표면에 닿는 방사를 전부 흡수하는 물체를 흑체라고 한다. 이 흑체에서 방출되는 방사를 흑체 방사라 한다―옮긴이)에 따라 강렬한 빛이 방사되므로 이를 조명으로 이용한 것이다. 그런 이유로 극장은 늘 화재 위험에 노출되어 있었다.

마그네슘과 염소산 칼륨을 이용한 카메라의 플래시 촬영

1830년대 후반 최초로 은판 사진 기법으로 사진을 찍기 시작하면서 사진가들은 여러 가지 다양한 인공조명을 시도했다. 어두운 곳에서 촬영하려면 인공조명이 필요했기 때문이다.

스티븐 존슨(Steven Johnson)의《오늘날의 세상을 만든 6가지 놀라운 발견》에서는 플래시 촬영법으로 촬영된 사진이 세상에 큰 영향을 미친 이야기를 소개하고 있다.

초기에는 석회를 가열한 라임라이트로 비추었는데 대비(contrast)

가 너무 강하여 사람 얼굴이 마치 유령처럼 하얗게 찍혔다. 그다음 시도는 마그네슘 철사를 점화할 때 나오는 강렬한 빛을 이용하는 것이었다. 마그네슘은 산소와 격렬하게 반응하며 산화 마그네슘이 될 때 열과 빛을 방출한다. 하지만 연소할 때 생성되는 백색 산화 마그네슘 분말이 주변으로 흩날리면서 사진을 찍으면 마치 짙은 안개 속에 있는 것처럼 찍히는 경향이 있었다.

1861년 가을, 마그네슘에 흑색 화약을 혼합하면 순간 작은 폭발이 일어나는데 이때 방출되는 빛을 이용하여 이집트 기자(Giza)의 대피라미드 안에 있는 '왕의 방'이 사진으로 촬영되었다.

이 같은 플래시 촬영기법은 이로부터 20년이 지나서야 주류 기법으로 쓰이게 된다. 마그네슘 분말과 염소산 칼륨을 혼합하여 안정된 섬광분을 만들고 이를 어두운 장소에서의 단시간 촬영을 위한 광원으로 이용한 것이다.

염소산 칼륨은 단독으로 400℃ 이상에서 열분해하여 산소를 발생한다. 이산화 망가니즈가 촉매로 사용되는 조건에서는 약 200℃에서 분해시킨다. 단, 유기물, 황, 탄소 등의 가연성 물질이 혼입될 경우 폭발하므로 위험하다. 또 마그네슘 분말이 섞여 있으면 공기 중에서 마그네슘이 연소할 때보다 더 격렬한 반응을 일으키므로 항상 위험이 도사리고 있었다.

◆ 마그네슘 분말에 의한 플래시

미국의 사회개혁 토대 마련한 마그네슘 분말 플래시 사진 취재

1887년 10월, 이 기법에 대한 네 줄 기사가 뉴욕 신문에 실렸다. 이
기사를 본 기자이자 아마추어 사진작가였던 제이콥 리스(Jacob Riis,
1849~1914)의 머릿속에는 여러 가지 아이디어가 잇따라 떠올랐다.
당시 28세였던 그는 맨해튼 슬럼가의 열악한 환경을 세상에 알려
야겠다는 강한 의지를 품고 있었다.

 2주일도 채 지나지 않아 그는 아마추어 사진작가와 몇몇 관심을
나타낸 경찰들로 팀을 꾸려 암흑의 슬럼가 속으로 들어갔다. 이때
프라이팬에 마그네슘 분말과 염소산 칼륨의 섬광분을 넣고 점화하

여 조명으로 사용했다. 이 작업은 매우 위험했고 실제로 플래시 실험을 하다가 두 번이나 자기 집에 화재를 일으키기도 했다.

이 탐사 과정에서 촬영한 사진들을 수록한 책《세상의 절반은 어떻게 사는가》는 당시 베스트셀러가 되었다. 리스는 예전에는 알려지지 않았던 열악한 상황을 슬라이드에 담아 선보이며 전국을 순회 강연했다.

리스의 책과 강연 그리고 이때 소개된 충격적인 사진들은 여론의 흐름을 크게 바꾸는 계기가 되었고 미국 역사상 가장 큰 사회개혁의 토대를 마련했다. 1901년에는 뉴욕주 공동주택법이 확립되어 열악한 주택환경이 대부분 개선되었고 공장의 노동환경 또한 개선되기 시작했다.

플래시 촬영기법에 사용되는 섬광분의 금속가루는 알루미늄 분말로 바뀌고 산화제는 폭발하기 쉬운 염소산 칼륨에서 질산 칼륨으로 바뀌었다. 마그네슘은 산화되기 쉬운 금속이라 분말이 되면 쉽게 불이 붙는데 여기에 산화제가 섞여 있으면 화약을 다루는 것이나 마찬가지였다.

당시 사진작가의 작업환경은 매우 가혹한 것이었다. 실제로 많은 사진작가가 화상을 입거나 사망하기도 했다. 금속 가루가 작은 불씨로 흩날려 쉽게 화재 사고가 일어날 수 있었기 때문에 매우 세심한 주의와 숙련된 기술이 필요했다. 필름은 불이 매우 잘 붙는 셀룰로이드 재질이라 사진관의 화재 보험료는 늘 높게 책정되었다.

참고로 1929년 독일에서 세계 최초의 섬광전구(플래시 벌브)가 발매되었다. 이 조명은 사진작가의 셔터 조작을 조수가 예측하여 수동으로 점화하는 기존 방식이 아니라 전기로 전구 내의 알루미늄과 산소의 반응을 일으켜 셔터와 동조시키는 방식이었다. 섬광전구의 탄생은 플래시 분야 기술의 발전 덕분이었다.

맹독성 황린에서
도깨비불을 만드는 뼛속의 인까지

황린이 피부에 닿으면?

인의 홑원소 물질로는 주된 동소체인 황린(백린), 적린, 흑린이 있다. 적린은 성냥갑 옆면에 발라져 있다.

황린은 밀랍 형태의 고체로 순수한 것은 무색이지만 시판되는 황린(99.9% 순도)은 표면에 얇은 적린막이 생기면서 약간 황색을 띤다. 황린은 발화점이 낮고(약 30℃) 공기 중에 노출되면 빠르게 산화한다. 이때 하얀 연기를 뿜으며 자연 발화하여 불타기 시작하는데, 하얀 연기의 정체는 십산화 사인이다. 따라서 황린은 물이 든 병 안에 넣어 보관한다.

타고 있는 황린에 물을 뿌리면 불은 꺼지나 건조되면 다시 불이 붙는다.

황린이 피부에 닿으면 치료하기 힘든 화학적 화상을 일으키니 매우 주의해야 한다. 맹독이므로 피부에 닿거나 체내로 유입되지 않도록 조심해야 한다.

강한 독성으로 인한 황린 중독 위험

황린은 성인 치사량이 10~20mg일 정도로 강한 독성을 지닌다. 경구 섭취할 경우 한두 시간 안에 오심, 구토, 위통, 마늘 냄새가 나는 트림 등이 시작되고 일시적으로 증상은 완화되지만 하루 이틀 후 다시 구토, 설사, 간 부위 통증 등의 증상이 나타난다. 중증에서는 급성황색 간위축증으로 사망한다. 혹은 사망에 이르지 않더라도 간이나 신장이 손상되어 황달이나 단백뇨, 혈뇨를 일으킨다.

예전에는 황린 8%를 함유한 물질을 쥐약으로 사용했다. 채소 조각이나 경단에 0.05g 정도의 약을 바르고 그 위에 곡물가루를 묻혀 쥐가 다니는 길목에 설치했다. 쉽게 구할 수 있는 독극물이어서 과거에는 자살약으로 쓰이기도 했다.

화재를 일으키지 않는 안전성냥

성냥은 19세기 유럽에서 탄생했다. 당시 성냥은 독성이 강한 황린

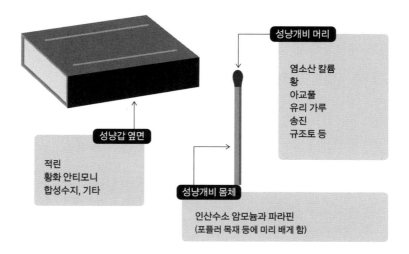

◆ 성냥에 사용되는 약품

성냥개비 머리

염소산 칼륨
황
아교풀
유리 가루
송진
규조토 등

성냥갑 옆면

적린
황화 안티모니
합성수지, 기타

성냥개비 몸체

인산수소 암모늄과 파라핀
(포플러 목재 등에 미리 배게 함)

등을 재료로 사용했는데 약간의 마찰로도 불이 붙어 취급하기 어렵고 매우 위험했다. 성냥개비에는 황린, 산화제, 가연제 등이 한꺼번에 발라져 있어 아무 데나 그어도 발화했고, 자연 발화도 쉽게 일어났다.

차츰 황린 성냥은 취급 시의 위험성과 독성, 제조자의 건강 피해에 대한 우려로 1906년 제조가 금지되었다.

1855년 스웨덴의 요한 룬드스트룀(Johan Lundström, 1815~1888)이 무독성 적린을 사용하여 발명해낸 안전성냥은 '화재를 일으키지 않는' 것이었다. 여전히 유독 가스는 나왔으나 가연성 성분을 성냥개비 머리와 성냥갑 마찰면 모두에 발랐다.

그 후 성냥갑의 마찰면에 적린, 황화 안티모니 등의 혼합물을 바르고 성냥개비 머리 부분에 산화제(염소산 칼륨)와 가연제(황) 및 마찰재(유리 가루)를 섞은 것을 묻히기 시작했다.

성냥개비 머리를 성냥갑의 마찰면에 그으면 마찰열로 적린이 산화되고 그 반응열로 성냥개비의 가연제가 산화제의 도움으로 불을 일으켜 타기 시작한다. 이 불이 성냥개비 몸체에 옮겨붙으면서 계속 연소한다.

처음에는 황린을 오줌에서 채취

독일의 연금술사 헤닝 브란트(Henning Brandt, ?~1692?)는 그의 실험실에서 레토르트(공 형태의 용기 위에 구부러진 관이 아래로 길게 늘어진 유리 기구) 안에 다양한 물체를 끓이면서 날마다 '현자의 돌'을 찾아내는 실험을 하고 있었다. 현자의 돌이란 이른바 현대 화학에서의 촉매 같은 것으로, 비금속을 금 등으로 바꿀 수 있으며 여러 생물의 질병을 치료하고 건강을 유지해주는 만병통치약으로 여겨졌던 물질이다. 중세 유럽에는 현자의 돌이 존재한다고 굳게 믿었던 연금술사가 여럿 있었다.

1669년 차가워진 레토르트를 관찰하던 브란트는 흥분을 감출 수 없었다. 뭔가 푸르스름하게 빛나는 것이 보였기 때문이다. 그는 그것을 '차가운 돌'이라고 부르며 "드디어 내가 현자의 돌을 발견해냈다!"고 기뻐했다. 그리고 조심스레 꺼내보니 노란 돌이 나왔는데, 그것은 바로 인이었다.

태양에 비추자 하얀 연기를 뿜어내기 시작했다. 그와 동시에 갑자기 붉은 화염을 일으키고 하얀 연기를 내면서 불타기 시작했다. 인간의 소변을 증발, 농축하고 공기를 차단하여 강하게 가열하자 백색 밀랍 형태의 황린이 추출된 것이다.

브란트는 이 제작법을 누구에게도 알리지 않았으나 결국 나중에 영국의 로버트 보일(Robert Boyle, 1627~1691)에게 발견되고 말았다. 1773년에는 스웨덴의 셸레가 골회(骨灰)에서 황린을 만드는 데 성공하면서 황린 값이 많이 떨어졌다.

이렇게 19세기에 인을 사용한 성냥이 속속 등장하게 되었다.

학교에서 발생한 아찔한 황린 사고

필자가 고등학교에서 화학을 가르치던 시절, 수업 시간에 황린의 자연 발화를 실험으로 선보인 적이 있다(《무섭지만 재밌어서 밤새 읽는 화학 이야기》133~134쪽 참조). 위험한 실험이어서 아마 고등학교 화학 시간에는 거의 다루지 않는 듯하다. 만약 실험한다면 다음 사항에 주의해야 한다.

• 황린은 심각한 피부 손상을 일으키므로 반드시 보호 장갑을 착

용하고 핀셋으로 조심스럽게 다루도록 한다.

- 황린은 발화점이 낮아 체온 정도의 온도에도 자연 발화하여 불이 붙는다. 따라서 자칫 피부에 심각한 화상을 입힐 수 있다. 이 사실을 염두에 두고 주의하여 취급하도록 한다.
- 종이로 포장하면 열이 축적되어 겨울에도 몇 분 안에 발화하므로 종이에 포장하지 않는다.
- 황린의 물을 닦은 종이도 잠시 후 발화할 수 있으므로 닦은 종이는 즉시 불태워버린다.
- 자를 때는 사용할 분량만큼 물 속에서 소분한다.
- 연소할 때 발생하는 하얀 연기(십산화 사인)를 들이마시면 폐에 손상을 유발하므로 주의한다.

실험 후 불타는 황린에다 물을 부으면 불은 꺼지나 물이 마르면 다시 불이 붙는다. 황린이 묻은 것은 소각하고 버너 화염으로 묻은 황린도 모두 연소시킨다.

과거에 실제로 고등학교에서 일어난 황린 자연 발화 실험 사고 사례는 다음과 같다.

- 황린의 이황화 탄소 용액으로 종이에 글자를 써서 자연 발화되는 모습을 관찰하는 실험 도중 순식간에 종이가 불타면서 옷에 불이 옮겨붙은 사고

- 물에 저장된 황린 병이 얼어서 깨지자 물이 유출되면서 황린이 자연 발화한 사고
- 종이에 황린 고체를 문질러 자연 발화되는 모습을 관찰하는 실험 도중 황린 고체가 발화하여 화상을 입은 사고
- 물 속에 보관 중이던 황린을 꺼내어 칼로 잘라 자연 발화를 관찰하려는 실험에서 발화가 일어나지 않자, 황린에 묻은 수분 때문이라고 생각하고 여과지로 문질렀다가 갑자기 발화되면서 화상을 입은 사고

위험천만한 황린이 우리 주변에 존재하는 이유

이처럼 위험한 황린이 우리 주변에 존재할 경우 어떤 일이 일어날까? 일본 오키나와현 위생환경연구소는 기관지를 통해 오키나와 하천에서 황린이 발견되었다고 보고했다. 내용은 다음과 같다.

2013년 6월 오키나와시 소방본부 건물 뒤쪽을 흐르는 히지야강에서 연기가 나는 것을 소방서 직원이 발견했다. 확인한 결과 그것은 '불타는 돌'이었고 진화 후 연소물을 철거했다. 그런데 물이 증발하면 또다시 불이 났다. 정확히 황린에서 관찰되는 현상이었고 조사 결과 역시 황린으로 밝혀졌다. 발견되었을 때는 장마가 끝난 6월 중순으로 맑은 날씨가 계속 이어져 비도 거의 오지 않는 계절이었다. 이로 인해

수위가 내려가자 하천 속 돌에 눌어붙어 있던 황린이 공기와 접촉하면서 발화된 것으로 추정되었다.

그럼 왜 하천에 황린이 있었을까? 황린은 제2차 세계대전 중 황린탄(백린탄)으로 사용되었다. 미군은 오키나와전투에서 참호나 터널, 동굴 등에 잠복해 있는 일본군을 열과 연기로 기어나오게 할 목적으로 황린탄을 사용했다. 그때 불발탄의 파편이 오늘날 하천에서 발견된 것이다.

물 속에 있으면 계속 황린으로 존재할 수 있으므로 지금도 여전히 강이나 바닷속에 있을지도 모른다.

묘지의 도깨비불은 자연 발화한 황린?

《시민 과학자 다카기 진자부로 선생님의 원소 이야기》의 '인-도깨비불을 만드는 원소'에서 저자 다카기 진자부로는 이렇게 말했다.

"어렸을 때 무척 무서워했던 것 중 하나가 어른들한테 들었던 '도깨비불'이야. 사실 도깨비불은 대부분 사체의 뼈에 있는 인 때문에 생기는 건데 나도 본 적은 없어. 도깨비불은 무섭기는 했지만, 신기하게도 밤의 어둠을 매력적으로 만들었던 것 같아. 지금은 어디든 밤에도 밝아서 도깨비불이 위력을 잃은 듯해 조금 섭섭해."

인체에는 약 670g의 인이 들어 있다. 무기질 중 약 1.2kg 들어 있는 칼슘에 이어 두 번째로 많은 원소다. 특히 뼈에 많고 체내 인의 85% 정도가 뼈의 구성 성분(인산 칼슘)으로 존재한다. 나머지 인은 몸 전체에 골고루 분포되어 중요한 생리작용을 맡고 있다.

인산 칼슘은 화학적으로 안정하기 때문에 쉽게 분해되지 않는다. 그래서 고대의 뼈들이 지금까지도 남아 있는 것이다. 과거에는 골회를 황산으로 처리해 인산을 만들고 산소가 없는 조건에서 목탄 등과 강하게 가열, 분해하여 인을 얻어냈다. 사실 이 반응은 저절로 일어나지 않으므로 묘지에 안장된 뼈에서 인이 유리되는 일은 없을 것이다.

만에 하나 가능성이 있다면 자연에서 죽은 물고기가 부패할 때 소량 발생하는 무색이면서 악취가 나는 인화 수소(포스핀)라는 기체다. 땅에 묻은 시체가 미생물에 의해 부패할 때 어류와 마찬가지로 인화 수소가 발생할 수도 있다. 인화 수소는 자연 발화하고 공기보다 약간 무거운 기체이므로 연소하면 열팽창으로 공기 중에 떠다닐 가능성이 있다.

메이지대학 교수를 지낸 야마나 마사오(山名正夫)는 목격된 사례의 특징으로 볼 때 메탄가스가 연소한 것으로 생각하여 소형 풍동(風洞, 인공으로 바람을 일으켜 기류가 물체에 미치는 작용이나 영향을 실험하는 터널형의 장치) 안에서 메탄가스를 연소시키는 실험을 한 뒤다음과 같이 발표했다.

'도깨비불'을 실제로 본 사례 중에 색과 모양, 기상 조건, 날아다니는 상태 및 사라질 때의 모습 등을 고려해보면 가스의 연소가 발광원이 되었을 것으로 추정할 수 있는 경우가 꽤 많다. 이를 확인하기 위하여 소형 풍동을 사용해 가스 용접봉을 따라 움직이는 화염을 만들어 관찰하고, 데이터 분석으로 얻어낸 화염의 모양과 비교했다. 결과는 위의 추정이 옳다는 것이다. 즉 연소 계열의 '도깨비불'은 우선 공기 중에 길게 늘어진 가스 봉이 형성되어 있고, 여기에 불이 붙어 화염이 가스 봉을 타고 퍼질 때의 불덩어리인 것으로 추정된다. 가스가 봉 모양이 아니라 옆으로 퍼진 넓이가 있는 띠 모양의 경우에도 화염의 측면에서 대류에 의한 기류 상승이 일어나 이것이 화염의 가로 방향 전파를 방해하면서 역시 7번 사진과 같은 모양으로 화염이 움직이게 된 것이다. 실제 발견 사례 중에 두 개의 도깨비불이 동시에 날아다니거나 참새떼처럼 여러 개의 도깨비불이 함께 떠도는 것을 본 사람이 있는데 둘 다 띠 모양의 가스를 암시하고 있다(야마나 마사오, 〈자유 공기 중에 확산하는 수평 가스 봉에서의 화염 전파: 연소 현상으로서의 도깨비불〉《일본항공학회지》제14권, 제149호, 1966).

야마나는 "가스에 어떻게 저절로 불이 붙는지 그 기전은 의문이다. 또 도깨비불 중에는 발광 박테리아 계열의 불빛이 바람에 날리거나 빛을 뿜어내는 질병에 걸린 모기떼가 도깨비불로 오인된 사례가 있다. 모두 향후 연구해야 할 대상으로 남아 있다"라고 언급했다.

이밖에 반딧불이 등의 발광 곤충이나 혜성을 도깨비불로 오인하거나 빛이 나는 이끼류가 몸에 붙은 소동물, 구전(球電, 뇌우가 심할 때나 뇌우 직후에 일어나는 극히 드문 현상으로 적황색 빛을 내며 낮게 부유하는 광구—옮긴이), 눈의 착시, 플라스마 등의 설이 있다.

도깨비불이 유령이 아니기를
비나이다, 비나이다….

3장

여전히 책임져야 할
비소 분유 사건과 4대 공해병

비소

수많은 영유아에게 일어난 비소 중독, 모리나가 비소 분유 사건

세계 최악의 식품 중독 사건으로 기록된 비소 분유 사건

1955년 6월부터 가을까지 오카야마를 중심으로 오사카, 효고, 히로시마 등의 지역에서 분유를 먹는 영유아 다수에게서 희귀병이 발생했다. 원인 불명의 발열, 설사, 땀띠와 비슷한 발진, 빈혈, 검게 변하는 피부 착색, 간 비대와 같은 증상이 나타났다. 환아들은 모두 모리나가유업의 MF표 분유를 섭취하고 있었다.

분유를 분석한 결과 다량의 비소가 검출되었다. 영유아들은 아비산(arsenious acid)의 형태로 하루 2~4mg씩 분유를 섭취했고, 도합 100mg에 도달하면서 증상이 발현된 것으로 추정되었다.

1955년 8월 24일, 오카야마현 위생부는 모리나가유업 주식회사

도쿠시마 공장에서 제조한 분유 섭취에 의한 비소 중독으로 발표했다. 응고를 방지하여 잘 녹게 만드는 유질안정제로 인산이수소 나트륨을 분유에 첨가했던 것이다. 이때 사용한 유질안정제가 알루미늄 공장에서 부산물로 생성된 인산이수소 나트륨이었는데, 여기에 다량의 비소가 함유되어 있었던 것이다.

후생성(현 후생노동성)은 오카야마현 위생부에 제품 압수를 명령했다. 1957년 3월 시점에서 환자는 약 1만 2,300명, 사망자는 130명에 이르는 세계 최악의 식품 중독 사건으로 기록되었다.

왜 비소가 다량으로 들어간 공업용 물질이 식품에 쓰였을까?

인산이수소 나트륨은 식품공업에서 다양한 용도로 쓰이고 있으며 여기에 함유된 비소 등의 유해 물질에 대한 엄격한 기준이 마련되어 있다. 그런데 왜 비소가 다량으로 들어간 공업용 물질이 식품에 쓰이게 되었을까?

이야기는 1953년 가을로 거슬러 올라간다. 신일본경금속 시미즈 공장에서 비소와 인산이 다량 함유된 물질이 발견되어 시즈오카현 위생부는 당시 후생성에 확인을 요청했다. 그러나 후생성은 "독물 및 극물 관리법상의 비소 제제에 해당하지 않는다"라고 회답했다. 이에 따라 출하가 허가되었고 다량의 비소가 함유된 인산 나트륨(제삼인산 나트륨)이 몇몇 기업을 거쳐 마츠노제약으로 보내졌다.

◆ 비소 함유 인산이수소 나트륨이 분유공장에서 사용되기까지

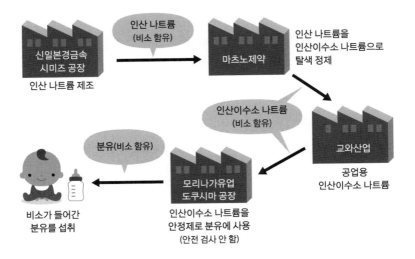

마츠노제약은 인산 나트륨을 인산이수소 나트륨으로 탈색 정제하여 교와산업으로 납품했다.

1955년 4~8월 모리나가유업 도쿠시마 공장은 분유 제조 시 원유의 유질안정제로 사용하기 위해 교와산업으로부터 세 차례에 걸쳐 '공업용 인산이수소 나트륨'을 구매했다. 왜냐하면 공업용은 식용보다 가격이 훨씬 저렴했기 때문이다.

설상가상으로 모리나가유업 도쿠시마 공장은 유질안정제로 사용할 인산이수소 나트륨을 안전 검사 없이 그대로 분유에 첨가했다. 그 결과 비소가 함유된 분유가 3개월 동안 판매되었다. 모리나

가는 대기업으로 분유 시장을 독점하고 있었기 때문에 걷잡을 수 없는 대형 사건으로 확대된 것이다.

사건이 드러날 당시 피해자들의 호소

모리나가 비소 분유 사건으로 아이를 잃은 엄마는 이렇게 울부짖었다.

"설마 분유에 독이 들어 있을 거라고는 생각지도 못하고 자꾸 처지는 아이에게 영양만큼은 충분히 공급해줘야겠다는 생각에 한 방울도 남김없이 분유를 먹였어요. 그런데 이런 일이 생기다니….''

모리나가유업 분유에 섞여 들어간 비소가 원인으로 드러나면서 정부에 보고되었으나 당시는 한창 일본이 고도 경제성장을 이루는 시기였다. 정부는 산업육성을 지지하는 입장에서 기업 편을 들었다.

한 예로 후생성의 의뢰로 당시 오사카대학교 니시자와 요시토(西沢義人) 교수를 필두로 한 니시자와 위원회는 비소 중독 환자의 진단기준과 치료 지침을 작성하여 답신했다. 그러나 이 치료판정 기준은 극히 단순해서 몇 년 안에 모두 치료, 즉 완쾌되었다는 결과를 담은 내용이었다.

이렇게 피해 부모들은 아이의 건강과 성장에 불안함을 느끼면서도 '완쾌'라는 진단을 믿고 이후 전국적인 운동을 전개하지 않았다.

완쾌는커녕 다양한 후유증을 앓는 피해 아동들

여기서는 특히 '모리나가 비소 분유 중독 피해자를 위한 모임'의 공식 사이트를 토대로 지금까지의 경위를 살펴보기로 한다. 1967년 오카야마현의 의료기관에서 피해 아동 35명을 대상으로 집단 검진을 실시했다. 그 결과 피해 아동에게서 다양한 증상이 나타난 것으로 드러났다.

당시 오사카부 사카이양호학교 양호교사로 근무하던 오츠카 무츠코 씨는 오사카대학교 마루야마 히로시(丸山博) 교수의 지도하에 오사카부에 거주하는 피해 아동 24건의 사례를 대상으로 방문 청취 조사를 실시했다.

마루야마 교수는 이 밖에도 보건사(후생노동성 장관의 면허를 받아 보건지도에 종사하는 사람─옮긴이)를 지도하여 부모로부터 직접 피해 아동의 상태와 이후 성장에 대해서도 청취 조사를 실시했다. 1969년, 마루야마 교수팀은 오사카부를 중심으로 67건의 피해 아동 부모로부터 청취 조사한 결과를 종합해 학내 검토회 자료로 '14년 만의 방문'이라는 제목의 책자를 발간했다.

그 내용을 통해 따로 선별한 것도 아닌데 67건의 사례 중 50건의 사례에서 이상이 확인되었고 그중 7건은 뇌성 신경 증상이 인정되어 사회생활에 지장이 있는 것으로 판단되었다. 이 사례들은 모두 후유증으로 충분히 의심될 만한 것들이었다. 이러한 내용은 언론기관을 통해 대대적으로 보도되었고 모리나가도 "문제가 재연되었다" 며 놀랄 만큼 충격적인 것이었다.

'14년 만의 방문'의 성과와 계속되는 피해자 구제

1969년 10월 30일, 오카야마시에서 열린 제27회 일본공중위생학회에서 마루야마 교수팀은 '14년 전의 모리나가 MF 비소 분유 중독 환자는 그 후 어떻게 되었는가'라는 주제로 67건의 피해 아동 사례 추적 조사 결과를 발표했다.

이 발표에 대해 "후유증은 없다"라고 주장한 사람은 사건 후 치료판정 기준을 작성한 니시자와 교수였다. 그는 "이 조사 결과는 부모의 진술을 받아적은 것에 지나지 않으므로 신뢰할 수 없다"라고 주장했다.

그러나 오카야마에서 피해 아동을 검진한 의사가 전문가의 눈으로 보더라도 중독 아동에게서 이상이 확인된다며 슬라이드 화면을 제시하면서 반론을 폈다. 1970년 모리나가 측은 병의 원인이 자사 제품이라는 사실을 인정하면서도 인산이수소 나트륨 공급처를 신뢰한 결과였기에 당사에는 책임이 없다고 주장해 사태를 더욱 악화시켰다.

1973년 12월, 피해자 부모를 중심으로 구성된 '모리나가 분유 중독 아이를 지키는 모임(현 모리나가 비소 분유 중독 피해자를 지키는 모임)'과 정부 및 모리나가 측이 피해자를 항구적으로 구제한다는 내용의 동의서를 체결하면서 사건은 일단 종결되었다. 이에 따라 1974년 '히카리협회(현 공익재단법인 히카리협회)'가 설립되었다. 현재도 피해자 지원과 향후 일어날 일에 대한 협의는 계속 진행되고 있다.

'14년 만의 방문'을 계기로 피해자 단체가 재결성되고 일련의 불매운동과 소송 등을 거치면서 모리나가유업과 후생성은 전면적으로 책임을 인정했다. 만약 '14년 만의 방문'이 없었다면 어떻게 되었을까?

피해자는 이제 60대 후반이 되었고 지금도 여전히 지적장애 등 심신의 후유증으로 고통받으며 미래의 생활에 불안감을 안고 살아가고 있다. 이와 같은 식품공해가 다시는 일어나지 않도록 앞으로도 정부와 기업은 안전관리 책임의 중대성을 부단히 인식해야 할 것이다.

독약 성분의 비소에 미백 효과가 있다고?!

비소 화합물인 아비산(삼산화 이비소)은 중세 이후 자살 및 타살에 사용된 독약으로 종종 역사와 소설에 등장해왔다. 바로 이 아비산이 모리나가 비소 분유 사건의 원인물질이었다. 지금은 일반인이 아비산을 입수하는 것은 매우 어려워졌다. 그러나 제2차 세계대전 이전에는 쥐약이나 농약으로 사용되었기 때문에 일반 가정에서도 흔히 볼 수 있었고 유럽에서도 신분증 없이 누구나 약국에서 쉽게 구할 수 있었다.

무색·무미·무취의 아쿠아 토파나(Aqua Toffana)라는 아비산 수용액은 소량씩 섭취하면 피부가 하얘지고 예뻐진다는 소문이 돌면서 여성들에게 인기가 많았다.

옛날 중국에서는 딸이 태어나면 어릴 때부터 비소를 음식에 조금씩 섞어 먹여 백옥 미인이 되도록 만들었다고 한다. 미백 효과는 비소에 멜라닌 색소 생성을 억제하는 작용이 있기 때문이지만, 실은 건강이 나빠지면서 혈색이 창백해지기 때문일지도 모른다.

아쿠아 토파나는 가톨릭 교리상 이혼이 허락되지 않던 여러 나라에서 남편이나 젊은 애인을 독살하는 데 활용되었다고 한다. 비소는 '우매자의 독물'이라고 불렸는데 예전에는 쉽게 구할 수 있었기 때문이다.

19세기에 간단하고 민감한 비소 검출법이 개발되면서 모발이나 손톱에서 검출과 정량이 가능해졌고 머리카락 한 올만으로도 즉시 비소 중독 여부를 알 수 있게 되었다. 지금은 우리 생활 주변에 비소 화합물이 없으므로 범죄에 악용되면 바로 범인을 쉽게 특정할 수 있다.

영국 식품기준청의 '톳 식용 자제' 권고

아비산과 비산(오산화 이비소)은 비소와 산소의 화합물로 둘 다 독성이 강한 물질이다. 이 둘은 무기 비소로 불린다.

마찬가지로 유기 비소로는 메틸아르손산(methylarsonic acid), 카코딜산(cacodylic acid), 아르세노베타인(arsenobetaine) 등이 있다. 유기 비소는 독성이 낮아 크게 문제되지 않는다. 유기 비소를 섭취하면 높은 비율로 체내에 흡수되는데 혈액과 함께 체내를 순환하고 소변에 녹아 그대로 체외로 배출되기 때문이다. 단, 유기 비소의 건강에 대한 영향은 아직 명확하게 밝혀지지 않은 부분이 많다.

2004년 7월 영국 식품기준청(FSA)은 "톳은 발암 위험이 큰 무기 비소를 함유하므로 먹지 않는 것이 좋다"라는 권고를 제시했다. 그 이유는 FSA의 조사 결과 톳에 발암 물질로 지적된 무기 비소가 다량 함유되어 있다는 결과가 나왔기 때문이다.

와카야마 독극물 카레 사건처럼 한 번에 다량으로 섭취할 때 일어나는 급성중독과는 달리 장기간에 거쳐 섭취할 때 일어나는 만성중독을 우려한 것이다. 참고로, 와카야마 독극물 카레 사건은 1998년 7월 저녁에 일본 와카야마현 와카야마시에서 열린 지역 축제에서 식사로 제공된 카레에 비소를 섞은 사건으로, 4명이 사망하고 63명이 중독되었다.

균형 잡힌 식생활을 한다면 건강상 위험은 없을 것

무기 비소의 비산은 톳을 비롯하여 모자반과(Sargassaceae)에 속한
해조류에 많이 함유되어 있다. 톳을 많이 섭취하는 일본에서는 톳
의 무기 비소에 대해 후생노동성이 다음과 같은 'Q&A'를 공표했다.
그 내용을 요약하면 다음과 같다.

　Q: 톳을 먹으면 건강상 위험이 높아지나요?

　A: 2002년 일본의 국민영양조사에 따르면 일본인의 하루 해조류
　　 섭취량은 14.6g으로, 이는 김이나 다시마 같은 다른 해조류까
　　 지 포함한 양이다. 그중 하루 톳 섭취량은 약 0.9g으로 추정된
　　 다. 해조류의 생산량·수입량·수출량으로부터 해조류 중 톳이
　　 차지하는 비율을 산출한 결과는 6.1%로 섭취량의 비율도 이와
　　 크게 다르지 않을 것으로 보인다.

• 세계보건기구(WHO)가 1988년에 규정한 무기 비소 섭취량은 1주
　일에 체중 1kg당 15µg(마이크로그램)이다. 몸무게 50kg인 사람의
　경우 하루 1인당 107µg에 상당한다.

• FSA의 조사 결과, 건조 톳을 물에 불릴 경우 톳 중의 무기 비소 농
　도는 최대 1kg당 22.7mg이다. 가령 이 톳을 섭취한다고 해도 하루
　4.7g 이상을 지속해서 섭취하지 않는 한 WHO 기준을 초과하지는

않는다.

- 해조 중에 함유된 비소로 인한 비소 중독으로 건강피해가 일어났다는 보고는 없다.
- 톳은 식이섬유가 풍부하며 필수 미네랄이 들어 있다.

이상을 종합하면 "톳을 극단적으로 다량 섭취하는 것이 아니라 균형 잡힌 식생활을 한다면 건강상 위험은 없는 것으로 보인다"라는 견해의 답변이었다.

참고로 톳의 비소를 제거하는 데 가장 효과적인 방법은 건조 톳을 물에 불린 후 불린 물을 버리고 물에 데친 다음 흐르는 물로 깨끗이 씻는 것이다. 이렇게 하면 무기 비소를 90% 정도 제거할 수 있다.

한편 톳을 '물에 불리거나' '끓는 물에 불리거나' '끓는 물에 데쳐서 물을 버리거나' 해도 톳에 함유된 칼슘의 양에는 변함이 없으며 철분은 70% 이상, 식이섬유는 80% 이상 남는다고 한다.

톳은 보통 채취한 다음 담수로 쪄서 건조한 상태로 판매된다. 이 같은 전처리가 되어 있는지는 알기 어려우므로 톳을 매일같이 지속해서 많이 먹는 것은 되도록 피하는 게 바람직할 것이다.

지독한 냄새의 유독 기체
황 화합물 아황산 가스와 황화 수소

황은 잘 타지만 유독 가스 발생

황은 화산 분출구 등에서 황색 결정으로 산출되는 예로부터 잘 알려진 원소다. 황에 불을 붙이면 청백색 불꽃을 일으키며 연소한다. 매우 잘 타지만 연료로는 부적합하다. 연료로 쓰려면 발열량이 크고 연소에 따른 부산물이 공기 중에 배출되어도 문제가 없다는 조건을 충족해야 한다.

황은 연소하면서 생성되는 물질의 냄새가 자극적이고 유독한 아황산 가스(이산화 황. 황 1원자에 산소 2원자가 결합)이므로 연료로는 쓸 수 없다. 우리 주변에서 아황산 가스 냄새를 구별하려면 성냥을 그어 불을 붙일 때 나는 톡 쏘는 냄새를 생각하면 된다. 성냥개비의 머리 부분에는 불이 잘 붙도록 소량의 황이 함유되어 있다.

아황산 가스는 미생물에게도 유독하므로 고대에는 황을 태울 때 나오는 연기로 소독했다고 한다. 예를 들어 황을 태울 때 나오는 아황산 가스로 와인통을 그슬려 미생물 오염을 방지하는 방법 등이 로마 시대부터 시행되어왔다.

아황산 가스는 1~5ppm 정도로도 냄새가 나며 기도, 기관지, 폐포에 영향을 준다. 그 이상의 농도에서는 급성중독을 일으킨다. 10ppm에서 기침, 재채기, 100ppm에서는 흉통, 호흡 곤란, 폐부종, 폐렴 등이 일어난다. 0.015ppm의 저농도를 장기간 흡입하면 만성중독을 일으켜 부종, 천식 발작 등이 유발될 수 있다.

천식 환자 급증의 주요 원인은 아황산 가스

아황산 가스는 대기오염의 주범이 되었다. 일본의 대기오염 역사를 돌이켜보면 1885년경 일본 최대의 구리광산 아시오동산의 매연(아황산 가스 및 기타)으로 농작물이 해를 입고 근처 산림의 나무와 풀이 시들어 죽는 등의 피해로까지 거슬러 올라간다.

제2차 세계대전 이후 중동에서 풍부한 석유 자원이 개발되고 탱크가 대형화되면서 석유 수송비가 절감되었다. 이로 인해 석탄 사용량이 감소하는 한편, 석유 사용량이 증가했다. 석유는 연소할 때 재가 나오지 않을 뿐 아니라 연소 효율이 좋고 파이프라인으로 원거리 대량 수송이 가능하다.

석유는 석유화학공업에서도 다양한 제품을 생산해내는 원료가 되어 석유 소비는 이후 급증했다.

석탄에서 나오는 매연으로 발생하는 스모그는 줄어들었다. 그러나 1960년대에 들어서자 미에현 욧카이치시와 가나가와현 가와사키시에서는 석유 공업지대에서 배출되는 아황산 가스에 의한 천식 환자가 다수 발생하는 심각한 문제가 야기되었다. 기업 이익이 우선되고 공해방지 설비가 불충분했던 것이 사태를 악화시켰다.

미에현 욧카이치시의 사례를 살펴보자. 욧카이치시에서는 1955년경부터 석유 공업지대가 본격적으로 가동되기 시작했다. 이른바 일본의 고도 경제성장의 주역으로 석유화학공업의 거대한 기지가 된 것이다.

그 결과, 1960~61년부터 천식 환자가 급증하기 시작했다. 환자는 노인층과 10세 이하가 많았고 증상은 눈의 통증과 함께 심한 기침, 발작적이면서 경련을 일으키는 호흡 곤란이 밤낮 없이 몇 개월 동안 계속되는 등 심각했다. 그 후 다수의 사망자와 환자가 발생했다. 이 천식은 '욧카이치 천식'으로 전 세계에 알려졌다. 황이 다량 함유된 중동산 원유를 사용한 것이 피해를 더욱 악화시켰다.

1972년 석유 공업지대의 여섯 개 회사에 내려진 이른바 욧카이치 판결은 그 후의 일본 공해 대책에 지대한 영향을 미쳤다. 석유화학 공업지대에서 배출되는 아황산 가스, 탄화수소, 황산 미스트 등에 의한 대기오염이 원인이었다.

각종 공해 대책을 실행한 결과, 1970년대에 아황산 가스 피해는 일단락되었다.

현재는 배연 탈황(매연이나 배기가스에 함유된 황산화물을 제거하는 방법) 기술의 발전으로 다량의 황이 함유된 중동 등에서 수입되는 석유에서 황을 회수하고 있다. 그 결과, 황 광산들이 대거 폐광되었다. 광산에서 캐낸 황은 황산이나 석고보드(황산 칼슘) 등의 원료로 쓰였는데 비용 면으로 볼 때 석유에서 탈황하여 대량으로 얻어지는 황을 이길 수 없게 된 것이다.

적백색 무늬 고층 굴뚝으로 문제의 심각성 흐리기

근본적인 대책은 오염물질을 배출하지 않는 것이다. 아황산 가스의 원인은 주로 석유 속의 황이므로 대책으로는 연료와 배기가스 중의 황을 제거하는 것이 유효하다. 근본적인 대책이 실행되기 이전에는 저렴하게 대기오염을 방지하는 방법으로 1966년부터 굴뚝을 높게 설치하는 것이 성행했다. 석유 공업지대와 기타 공장지대에 빨간색과 하얀색 가로무늬가 번갈아 칠해진 200m 이상의 높은 굴뚝들이 여기저기 설치되었다.

결과는 어땠을까? 공장 인근의 유독 가스 농도는 확실히 낮아졌다. 유독 가스가 대기 중으로 분사되면서 공업지대 주변을 비롯한

◆ 적백색 가로무늬 고층 굴뚝

고층 굴뚝

기존 굴뚝

출전: 욧카이치시 공해와 환경미래관(2021) 〈개요 – 대기오염〉, YOKKAICHI CITY

욧카이치시 시내의 대기오염은 상당히 개선되었다. 그러나 배출된 유독 가스는 석유 공업지대로부터 멀리 떨어진 농촌지대로까지 확산되었다. 또 석유 공업지대와 공장지대에 높은 굴뚝을 여기저기 설치한다 해도 각 굴뚝에서 배출되는 유독 가스는 희석되나 어차피 전체적으로는 합산되어 피해를 더욱 악화시킬 뿐이었다.

유독 가스에 대한 방지책은 굴뚝의 고층화와 같이 배출량을 그대로 둔 채 대기 중으로 희석만 시키는 것이 아니라 미연에 발생 장소에서부터 근본적으로 제거하는 대책이 필요하다. 적백색 가로무늬의 고층 굴뚝은 여전히 남아 있으나 현재 환경기준을 지키려는 노력은 잘 실천되고 있는 편이다.

온천 주변 '유황 냄새'의 정체

온천 주변 등에서 흔히 나는 '유황 냄새'의 정체는 정확히 말하면 황이 아닌 '황화 수소 냄새'다. 황 자체는 아무 냄새가 나지 않는다. 우리 일상에서 황화 수소 냄새는 삶은 달걀의 껍질을 깔 때 진동하는 자극적인 냄새를 떠올리면 된다. 이른바 달걀 썩은 냄새(부란취)라고 하는데 달걀 썩은 상태를 아는 사람은 별로 없을 듯해서 필자는 보통 황화 수소 냄새를 '삶은 달걀 껍질을 깔 때 나는 냄새'라고 설명한다.

황화 수소는 중학교 과학 교과서에 등장한다. 화학변화의 단원에서 철가루와 황가루의 혼합물은 자석으로 분리할 수 있는데, 철가루와 황가루를 반응시키면 황화 철이라는 철도 황도 아닌 전혀 새로운 물질이 생성된다는 내용이다. 이러한 변화가 화학변화라는 사실은 실험을 통해 배운다.

철과 황의 혼합물 및 황화 철(철과 황의 화합물)에 희석 염산을 각각 추가하면 혼합물에서는 수소가 발생하고 화합물에서는 황화 수소가 발생한다. 이 실험으로 혼합물과 화합물은 다르다는 사실을 확인할 수 있다.

이 실험은 환기가 잘 안 되거나 염산 농도가 너무 진하거나 양이 많아서 황화 수소 발생량이 증가하면 사고를 일으킬 위험이 있다. 실험에서 발생한 황화 수소를 흡입하여 병원으로 이송되는 사고가 매해 일어나고 있다.

황화 수소 관련 학교 실험은 중지되어야 할까?

학교에서 화학실험을 할 때 분명히 선생님은 실험 전에 황화 수소 중독에 대한 주의사항을 학생들에게 자세히 일러주고 주지시킬 것이다. 환기도 철저히 하고 황화 수소가 최대한 적게 발생하도록 노력을 기울일 것이다. 그런데도 독특한 황화 수소의 냄새만 맡아도 속이 안 좋아지는 학생이 나올 수 있고 특히 단 한 명이라도 그런 증상을 보이면 집단으로 퍼져 심리적으로 울렁거리는 학생들이 생길 수 있다.

그렇다면 학교에서 이 실험을 중단해야 할까? 문제는 이를 대체할 만큼 화학변화를 뚜렷이 나타내는 실험이 딱히 없다는 것이다. 필자는 중등 과학 교과서의 편집위원이자 집필자로서 '탄소와 산소' '나트륨과 염소'를 그 대안 실험으로 제안한 적이 있다.

탄소와 산소를 반응시키면 탄소가 없어지고 이산화 탄소가 되는 실험과 나트륨과 염소를 반응시키면 염화 나트륨이 되는 실험은 처음에 있었던 물질이 사라지고 새로운 물질이 생성되는 화학변화(화학반응)를 나타내는 데 안성맞춤의 실험이라고 생각한다. 그러나 '탄소 산소 실험은 화학변화를 제시하는 실험보다는 산소와의 반응(산화)을 나타내는 실험으로 적합하다' 그리고 '나트륨 염소 실험은 나트륨이나 염소를 중학생이 취급하기에는 위험하다'라는 이유로 반려되었다.

고등학교 화학에서는 금속 이온을 함유한 용액에 황화 수소를 넣으면 금속 이온에 따라 서로 다른 특유의 색을 띤 황화물 침전이 생긴다는 것을 배운다.

은 제품(식기 등)이 황화 수소에 노출되면 은과 황화 수소가 반응하여 표면에 흑색의 황화 은이 생긴다. 오니(汚泥)가 쌓인 개천에는 오니 중의 황을 함유한 유기물이 세균에 의해 분해되어 황화 수소가 발생하므로 그 유역에서는 은 제품이 검게 변색하기도 한다. 물론 유황천의 온천지, 황화 수소를 함유한 화산 가스가 분출하는 지역에서도 똑같은 일이 일어난다.

표면이 은박으로 코팅된 은단을 컵에 넣고 유황천 욕탕에 놔두었더니 은단 표면이 검게 변색된 것을 본 적이 있다.

황화 수소 중독을 일으키는 요인

황화 수소를 흡입하면 황화 수소 중독을 일으킨다. 황화 수소는 2ppm의 적은 농도에서도 특유의 악취가 나는데 과학실험에서 맡아본 사람도 많을 것이다. 허용 농도는 10ppm이며 이 농도가 눈점막에 대한 자극 하한치다.

황화 수소 농도가 20ppm인 경우에는 기관지염, 폐렴, 폐수종의 위험이 생기며, 50ppm을 초과하면 눈이나 기도에 강한 자극을 유발하고 350ppm이 되면 생명이 위험해질 수 있다. 700ppm에서는 호흡 마비, 혼수, 호흡 정지, 사망할 위험이 있다.

1,000ppm(=0.1%) 부근에서는 한 번의 호흡으로 즉사한다. 고농도(150~200ppm)가 되면 후각이 마비되어서 냄새를 못 느낀다. 물에 잘 녹으므로 인체 점막의 수분에 녹아 그 부위를 자극한다. 황화수소는 세포의 미토콘드리아에 있는 호흡 관련 효소와 결합하여 이를 저해하므로 사이안화 수소(청산 가스)와 마찬가지로 몸 조직에서 산소를 이용할 수 없는 상태로 만들어 결국 사망에 이르게 하는 대표적인 가스다.

황화 수소가 발생하여 황화 수소 중독을 일으키는 요인은 크게 세 가지다.

① 지질학적 요인: 화산활동, 온천(유황천)

② 인위적 요인: 과학실험, 화학 공장, 자살, 살인, 테러

③ 생물학적 요인: 하수도, 맨홀, 오니, 수질오염

황화 수소를 사용한 자살 사건 다수 발생

2008년경부터 황화 수소에 의한 자살이 눈에 띄게 증가하기 시작했는데 특히 황화 수소 자살은 다른 주택이나 방으로까지 영향을 미쳐 타인에게 피해를 줄 수 있기 때문에 또 다른 사고로 이어질 가

능성이 크다.

실제로 아파트 주민 중 한 명이 황화 수소 자살을 시도하다가 누출된 황화 수소를 다른 주민이 흡입하면서 중독되어 병원에 이송되는가 하면, 단독주택에서 딸이 황화 수소 자살을 시도하자 이를 말리려는 엄마가 중태에 빠져 병원 응급실에 실려오는 사고가 일어나기도 했다. 이에 따라 황화물을 함유한 입욕제 제조회사가 제조와 판매를 중단한 적도 있었다.

화산이나 온천에서의 황화 수소 중독

야외활동이 유행하면서 산을 잘 모르는 사람이 별생각 없이 등산하는 경우가 늘어난 탓인지 최근 화산 가스 중독 사고가 끊이지 않고 있다. 특히 황화 수소와 아황산 가스, 이산화 탄소에 의한 화산 가스 사고가 자주 발생하고 있다. 세 가지 가스 모두 공기보다 무거워 골짜기나 구덩이에 쉽게 고인다.

위험 지역으로 들어간 등산객이 황화 수소 중독, 아황산 가스 중독, 산소 결핍으로 생명을 잃는 사고가 종종 일어나고 있다.

냄새를 맡겠다고 화산 가스가 분출되는 구멍에 얼굴을 들이대는 행동은 절대로 해서는 안 된다. 숙박객이 유황천에서 황화 수소 중독으로 사망하거나 몇 년씩 의식 불명에 빠지는 사고가 종종 발생하고 있기 때문이다.

황 화합물의 악취를 활용한 가스 유출 식별 부취제

아황산 가스나 황화 수소 외에도 황 화합물에는 냄새가 지독한 것들이 있다. 이중에서 무서운 가스 유출을 사전에 검출해내는 데 쓰이는 악취 황 화합물이 있다. 가스 유출을 바로 알 수 있도록 가스에 일부러 악취 화합물을 배합하는데 그것을 부취제라고 하며 그때 쓰이는 화합물이 바로 황 화합물이다.

가정에서 쓰이는 연료용 가스는 본래 무취인 메탄 가스나 프로판 가스다. 가스 사고에서 가장 무서운 것은 가스 유출로 인한 폭발 사고다. 해마다 끔찍한 사고들이 몇 건씩 발생하고 있다. 이를 방지하기 위해 가스 유출을 바로 알 수 있도록 인위적으로 냄새가 강한 물질을 미량 섞는다. 이러한 부취제는 메르캅탄(mercaptan)이라고 불리는 물질들로 가스 냄새는 바로 메르캅탄의 냄새다. 메르캅탄에는 여러 종류가 있다.

일본에서는 2009년부터 가스 부취제로 사이클로헥세인(cyclo-hexane, 탄화수소로 황을 포함하지 않음)과 터셔리 부틸 메르캅탄(tertiary-butyl mercaptan, 분자구조에 황이 있음)의 혼합가스를 사용하고 있다. 예전에는 분자구조에 모두 황이 있는 터셔리 부틸 메르캅탄과 다이메틸 설파이드(dimethyl sulfide)의 혼합가스를 사용했으나 연소 시 아황산 가스가 발생하는 황을 줄이기 위해 바뀌었다.

참고로 스컹크는 매우 강한 악취를 풍기는 것으로 유명한데 이 냄새의 주성분도 메르캅탄이다. 정확히는 부틸 메르캅탄(부탄의 수소 원자 하나가 SH로 치환)이다.

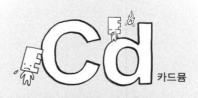

카드뮴

비통의 대명사 '이타이, 이타이!'에서 이름 붙여진 공해병

갱년기 이후 출산 경험 많은 여성에게서 주로 발병

이타이이타이병은 도야마 평야를 흐르는 진즈강 양안의 특정 지역에 거주하는 40세 이상의 농촌 여성, 특히 출산을 여러 번 경험한 여성에게서 많이 발병한 질환이다. 어린 환자는 없었고 남성 환자는 드물었다. 1920년대 강렬한 통증을 호소하는 희귀병의 발병 사례가 보고되었고 제2차 세계대전 후부터 1956~57년에 정점을 찍으며 환자가 증가했다.

이 병에 걸리는 사람은 대부분 갱년기 이후의 출산 횟수가 많은 여성이었다. 처음에는 허리 통증과 등 통증에서 시작하여 점차 고관절 통증을 일으켜 엉덩이를 흔드는 오리걸음을 걷다가 결국에는 걷지 못하게 된다. 부딪히거나 넘어지기만 해도 쉽게 팔다리나 갈비뼈가 골절되고 이것이 반복되면 문어 다리처럼 팔다리가 휘어진다.

독특한 자세를 취하기 때문에 내장이 압박되고 약간의 움직임만으로도 온몸에 매우 강한 통증이 생긴다. 심각한 골연화증으로 자세를 바꾸거나 웃거나 기침이나 재채기만으로도 갈비뼈가 부러질 정도였다. 밤낮을 가리지 않고 "이타이, 이타이(아파, 아파)"를 외치다가 결국 영양실조와 기타 합병증으로 사망에 이른다.

병의 원인을 규명한 지역 의사 하기노 노보루

1955년 이 지역 의사인 하기노 노보루(萩野昇)는 〈이른바 이타이이타이병(도야마현 후추마치 구마노 지구 풍토병)에 관한 연구〉라는 제목으로 제17회 일본 임상외과학회에서 이 희귀병을 최초로 보고했다. 그 후 이타이이타이병은 일본어 독음을 그대로 적은 영어 'Itai-Itai disease'로 《옥스퍼드 영어사전》 등 전 세계의 많은 사전에 등재되었고 그대로 쓰이고 있다.

이타이이타이병의 원인은 오랫동안 밝혀지지 않은 채 그 지방에서만 발생하는 풍토병이나 악행에 대한 죗값을 치르는 병으로 치부되고 있었다. 차별과 편견도 생겨나서 가족 중에 환자가 생기면 집안에 가둔 채 숨기는 경우도 있었다.

도야마시 후추마치에서 의원을 운영하던 의사 하기노 시게지로

◆ 이타이이타이병 발생 지역

◆ 중증 환자에게 나타나는 증상

허리·어깨·무릎에 둔탁한 통증이 생긴다.

▼

허벅지나 상완부에 신경통과 비슷한 통증이 생기고
오리처럼 엉덩이를 흔들면서 걷기 시작한다.

▼

지팡이를 짚어도 걸을 수 없게 되고
부딪히거나 넘어지기만 해도 쉽게 골절된다.

▼

와상 환자가 되어 몸을 뒤치기만 해도 찢어지는 듯한
강렬한 통증에 시달린다.

▼

의식은 정상인 채 통증을 호소하다가
전신 쇠약으로 결국 사망에 이른다.

(萩野茂次郎)는 이 같은 환자들을 일찍부터 진료하고 있었다. 제2차 세계대전이 끝나고 고향으로 돌아온 그의 아들 하기노 노보루는 의사로서 이타이이타이병의 원인 규명에 관심을 가졌다.

하기노 노보루는 몸이 찢어지는 듯한 격통에 시달리는 환자를 직접 눈으로 목격하면서 무엇보다 '환자를 살리고 싶다' '아프다고 절규하며 죽어가는 죄 없는 환자들의 원통함을 풀어주고 싶다'라는 일념으로 병의 원인 규명에 나서게 된다. "이타이, 이타이!" 하며 절규하는 환자를 보고 하기노 병원의 한 간호사가 이 환자를 '이타이이타이 씨'라고 부르기 시작하면서 하기노 병원에서는 그대로 이 병을 '이타이이타이병'이라고 부르게 되었다.

의사 하기노는 과로, 빈혈, 영양실조, 기생충 등 다각도에서 원인을 추정하여 검사해나갔다. 그러나 이 희귀병의 원인은 여전히 불분명했다. 바이러스나 세균에 의한 감염증도 의심하여 병원 한구석에 동물 우리를 만들어 환자의 대변, 소변, 혈액 등을 수십 마리의 쥐와 토끼에 감염시키는 실험도 여러 번 실시했다. 그러나 동물에게서는 아무런 변화도 일어나지 않았다.

그러다 그는 도야마현의 지도 위에 이타이이타이병 환자의 집을 하나하나 빨간 점으로 찍어봤다. 그러자 환자 대부분이 진즈강 중류의 일정 지역에 국한되어 있는 사실을 발견했다. 진즈강 상류와 하류 지역에는 환자가 없었다.

진즈강 유역 광업소의 폐수로 인한 광독설 의심

하기노는 진즈강과 빨간 점과의 관련성을 유심히 관찰하면서 왜 병이 진즈강 중류에 국한되어 있는지 그 이유를 곰곰이 생각했다. 그러다가 진즈강 상류에 있는 미츠이금속광업(三井金属鉱業) 주식회사 가미오카 광업소에서 배출되는 폐수에 의한 광독설을 의심하게 되었다.

두 인물이 하기노에게 힘을 보태기 시작했다. 한 사람은 당시 가나자와(金沢)경제대학교 학장으로 있던 농학 경제학자 요시오카 긴이치(吉岡金市) 교수다. 1960년 그는 역학조사를 실시하면서 진즈강 유역의 중금속 오염을 의심하게 되었다.

또 다른 사람은 당시 오카야마대학에서 광독 분석을 연구하고 있던 고바야시 준(小林純) 교수다. 고바야시는 농림성(현 농림수산성) 시절에 광독수에 의한 농업 피해조사에 참여했던 것이 계기가 되어 1960년 하기노 의사와 협력하여 그 원인이 상류에 있는 가미오카 광업소에서 배출되는 폐수에 함유된 카드뮴이라는 사실을 알아냈다.

먼저 당시 최신 기기를 이용, 하천수를 분석하여 다른 하천수보다 카드뮴 농도가 월등히 높다는 사실을 밝혀냈다. 그 후 토양과 쌀, 환자의 시신에서도 고농도의 카드뮴이 검출되었다.

1961년 6월 요시오카는 〈진즈강 수계광해 연구보고서 : 농업 광해와 인간 광해(이타이이타이병))를 발표했다. 같은 시기 하기노와 요시오카는 제34회 일본 정형외과학회총회에서 〈이타이이타이병의 원인에 관한 연구〉라는 제목으로 보고서 내용을 발표하고 의학회에서 최초로 카드뮴 중독의 가능성을 제시했다.

발표된 보고서 내용의 요지는 다음과 같다.

- 이타이이타이병은 미츠이금속광업 가미오카 광업소에서 진즈강으로 배출된 카드뮴에 의한 만성중독이다.
- 진즈강 유역 주민이 카드뮴이 다량 함유된 하천수를 마시거나 카드뮴에 오염된 쌀과 농산물을 장기간 섭취함에 따라 카드뮴이 체내에 축적되어 만성중독을 일으켰다.
- 그 증거로 카드뮴은 이타이이타이병 환자 주변의 진즈강 하천수 또는 유역의 토양에 다량 함유되어 있고 다른 하천이나 토양에서는 소량만이 확인되었다. 카드뮴은 가미오카 광업소 위쪽의 진즈강에서는 검출되지 않았다. 환자의 뼈와 장기 등에서 다량의 카드뮴이 검출되었다.

50년 동안 밝혀지지 않았던 이타이이타이병의 원인을 하기노와 요시오카, 고바야시가 규명해낸 것이다. 이에 대해 역시 예상한 대로 미츠이금속광업은 모든 가해 행위를 전면 부인했다.

하기노의 카드뮴 설에 힘을 실어준 실험

한편, 하기노에 대해 '돈과 명예를 얻기 위해 유명세를 노린 행위다' '학자도 아닌 일개 시골 개원의가 무엇을 알겠는가?' '하기노 노보루는 학자가 아니다. 무엇 하나 과학적으로 증명된 것이 없다'라는 식으로 학회, 여론으로부터 온갖 중상모략이 쏟아졌다. 그는 가시밭길을 걷는 것 같은 나날을 보내야만 했다. 특히 기업 측에 선 학자들은 하기노의 광독설을 부인했고 환자들이 발생한 도야마현도 부정적인 자세를 취했다. 지역 농민들조차 '농산물이 안 팔린다' '젊은 여성들이 이 지역으로 시집 오지 않으려 한다'라며 비난했다. 사면초가 상태에서 하기노의 생활은 피폐해져만 갔다.

그러던 중 결핵과 갑상샘기능항진증의 대표적 질환인 바세도우씨병을 앓던 아내가 사망하자 하기노는 아내의 간병도 제대로 하지 못한 자신을 자책하면서 앞으로의 여생을 이타이이타이병의 규명을 위해 바치겠노라 다짐하고 다시 재기한다.

이때 일본정형외과 학회에서 발표한 데이터가 미국 의학계에서 인정받고 미국국립위생연구소(NIH)로부터 1,000만 엔의 연구비를 지원받게 된다. 그러자 '하기노의 카드뮴 설은 사실일 수도 있다'며 점차 주변에서도 그의 주장을 인정하기 시작했다.

오카야마대학의 고바야시는 카드뮴을 주입한 먹이를 쥐에게 먹이는 동물실험을 한 결과 섭취한 것보다 더 많은 칼슘이 쥐의 소변에서 배출되었고 225마리의 쥐가 이타이이타이병과 똑같은 증상을 나타낸다는 것을 증명했다.

카드뮴은 아연의 짝꿍처럼 항상 아연 광석에 1~2% 비율로 함유되어 있다. 카드뮴은 아연 제련의 부산물로 뛰어난 녹 방지 효과가 있어 도금 용도로 쓰인다. 그러나 그 외에는 별 쓸모가 없으므로 광업소에서는 아연을 제련하는 과정에서 발생하는 카드뮴 함유 광재(슬래그, 광석에서 금속을 제련할 때 나오는 찌꺼기)를 강으로 흘려보내거나 땅에 버렸다. 그 과정에서 카드뮴이 침출되면서 지하수로 유입되었고 벼 등의 농작물이 카드뮴을 흡수한 것이다.

하기노와 고바야시는 다른 아연 광산에서도 이타이이타이병이 발생했을 것이라 확신하고 나가사키현 츠시마시에 있는 도호아연 주식회사의 다이슈 광업소를 조사했다. 그 결과 이곳에서도 이타이이타이병 환자가 발견되었다.

일본 최초의 공해병으로 공인된 이타이이타이병

1967년 12월 15일 하기노는 참의원 산업공해특별위원회에 참고인으로 증언을 요청받았다. 그 자리에서 그는 이렇게 진술했다.

"저는 평범한 시골 개원의입니다. 아무 힘도 없습니다. 가미오카 광산 같은 일본의 기반산업을 상대로 싸우려는 마음은 눈곱만큼도 없습니다. 다만 의사로서 고통스러워하는 환자들이 너무나 안타

◆ 이타이이타이병 사건의 진행 과정

연도	월	사건 내용
1874	9	미츠이금속광업 주식회사가 가미오카 광산 일부를 매수
1905		가미오카 광산에서 아연 광석 채굴 시작
1911		후생성(당시) 추정으로 첫 환자 발생
1916		도야마현 의회에서 광독 문제 논의
1961	6	하기노 노보루와 요시오카 긴이치가 이타이이타이병 카드뮴설 발표(제34회 일본정형외과 학회 총회)
		도야마현 지방특수병 대책위원회 발족
1963	6	후생성·문부성(당시), 연구반 발족
1966	11	피해 주민이 이타이이타이병 대책협의회 결성
1967	8	이타이이타이병 대책협의회의 요구 행동에 대해 가미오카 광업소가 '천하의 미츠이'라고 큰소리침
	12	도야마현이 73명 환자를 첫 인정
1968	3	이타이이타이병 소송제기(도야마 지방법원)
	5	후생성, 이타이이타이병을 공해병 제1호로 인정
		도야마현은 공해병을 부정하는 견해 발표
1971	6	이타이이타이병 소송 전면 승소. 미츠이금속광업 즉시 항소, 가미오카 광업소의 카드뮴 방류 중지 강제 명령. 미츠이금속광업 측의 약 6,600만 엔 지급 판결
1972	8	이타이이타이병 소송 항소심 전면 승소(나고야 고등법원 가나자와 지부)
		주민과 미츠이금속광업이 공해방지협정 체결
	11	진즈강 유역 카드뮴 피해단체 연락협의회 결성. 제1회 가미오카 광업소 현장조사 실시
1980	3	세계보건기구(WHO)가 카드뮴이 이타이이타이병의 필요조건이라고 결론
1986	7	가미오카 광업소가 미츠이금속광업에서 분사하여 자회사 가미오카 광업이 됨
2001	6	가미오카 광산에서 아연, 납 광석 채굴 중지
2012	3	카드뮴으로 오염된 농지의 복원사업 완료
2013	12	미츠이금속광업과 피해자 측이 '전면 해결'의 합의서 교환
2015	7	2명의 환자를 새로 인정하여 카드뮴 중독 인정 환자가 200명이 됨

까웠기에 이 병을 거듭 연구해온 것뿐입니다. '너무 아파요. 선생님. 살려주세요.' 울부짖으며 죽어간 중년의 농촌 여성들, 온몸의 격통 때문에 진찰조차 할 수 없었던 할머니의 절규, 가정주부의 발병으로 인한 가정 파탄과 비극들···. 그들에게 무슨 죄가 있을까요? 도대체 무엇이 그들을 지옥 같은 고통 속으로 몰아넣은 것일까요? 저는 그저 환자들이 너무나 불쌍할 따름입니다. 저는 환자를 살리는 것이 의사의 사명이라 생각하고 겸허한 마음과 순전한 자세로 연구를 계속해왔을 뿐입니다."

1968년 5월 8일은 일본의 공해 역사상 기념해야 할 날이 되었다. 소노다 후생성 장관은 하기노의 주장을 받아들였고 후생성(현 후생노동성)의 견해는 다음과 같이 발표되었다.

"이타이이타이병의 본질은 카드뮴의 만성중독에 의해 신장 장애가 발생하고 이어서 골연화증을 초래하여 내분비계 이상 및 영양소로서의 칼슘 부족이 원인이 되어 발병한 것이다. 만성중독의 원인 물질로 환자 발생 지역을 오염시킨 카드뮴은 진즈강 상류에 위치한 미츠이금속광업 주식회사 가미오카 광업소의 제련 공정 및 산업 활동에서 배출된 것 이외에는 찾을 수 없다."

이타이이타이병은 일본 최초의 공해병으로 인정되었다. 하기노가 환자의 발생 지역과 가미오카 광업소의 위치 등을 종합적으로 고려하여 광독설을 주장한 때로부터 11년 만의 일이었다.

그는 일본 최초의 공해병 인정과 재판 승소에 크게 공헌했다.

카드뮴설 부정파의 반격

1974년부터 미츠이금속광업이 소속되어 있는 일본광업협회는 매년 발행하는 정부에 대한 요청서 〈광업 정책의 강화 확립에 관한 요청서〉에서 '이타이이타이병 원인에 관한 후생성 견해의 재검토' 등을 요구했다. 그 가운데 1975년 1월 잡지 《분게이순슈(文藝春秋)》 2월호에 〈추적 리포트: 이타이이타이병은 가상의 공해병인가〉라는 기사가 실리면서 카드뮴설 부정파의 대대적인 반격이 시작되었다.

저자는 르포라이터 고다마 다카야(兒玉隆也)였다. 일본광업협회는 이를 무상으로 대량 배부했다. 고다마는 기사에서 자신이 아는 의사의 이야기를 다음과 같이 인용했다.

- 이타이이타이병의 카드뮴 주요 원인설을 반박하는 비타민D 결핍설이 끊임없이 제기되고 있다.
- 이타이이타이병의 구세주라 칭송받는 하기노 의사는 치료로서 비타민D를 대량 투여하여 환자의 상태를 도리어 악화시켰다. 의사가 일부러 질병을 만들어낸 '의원성 질환'일 가능성도 의심된다.

이처럼 기사는 이타이이타이병 카드뮴설을 부정하는 내용으로 되어 있었다. 비타민D 결핍설은 환자와 유족 측(원고)이 미츠이금속광업을 상대로 일으킨 재판에서 미츠이금속광업이 카드뮴설에 대항하기 위해 주장한 설이다.

1975년 2월, 고사카 센타로 자민당 중의원 의원은 '이타이이타이병의 후생성 견해'에 대한 재검토를 요구했다. 자민당 기관지《지유민슈(自由民主)》와 산케이신문사 잡지《세이론(正論)》에서도 마찬가지 주장을 펼쳤다. 이러한 움직임에 선동되어 가미오카 광업소장은 카드뮴설 학자와 환자 측 변호인단을 비난했다. 미츠이금속광업 사내 잡지에도 카드뮴과 이타이이타이병의 인과관계를 부정하는 주장을 실었다.

이미 1972년에 원고가 승소하여 판결이 확정되었고 미츠이금속광업이 공해방지협정을 체결했음에도 이 같은 반격 운동을 펼치는 것에 대해 원고 측과 전국에서 항의가 빗발치자 결국 가미오카 광업소장은 사죄했다.

카드뮴의 인과관계 인정하지 않는 일본과 WHO의 10년 전쟁

이후에도 자민당 환경부회 보고서에서 '이타이이타이병 카드뮴 원인설에 대해 학자들은 인정하지 않는다'라고 주장했다. 이처럼 대대적으로 반격을 펼칠 때 반격파가 주로 근거로 삼은 것은 '이타이이타이병의 주요 원인은 카드뮴이 아니라 비타민D 결핍 등의 영양실조 때문'이라는 카드뮴 주요 원인설 부정파 학자들이 내세운 주장이었다. 참고로 카드뮴설 부정파 학자들은 1980년에 들어서자

영양부족설 등을 더 이상 주장하지 않게 되었다. 이는 연구가 진전되면서 그 주장이 잘못되었음이 명백해졌기 때문으로 추측된다.

1976년 4월, 일본광업협회는 오염미(汚染米) 제도 취소 등을 요구하는 보고서를 배포하여 본격적인 반격에 나섰다. 반격의 목적은 오염 제공자가 부담해야 하는 오염미 대책 비용과 토양 복원 비용 등을 절감하는 데 있었다. 이를 실현하기 위해서는 '후생성 견해인 이타이이타이병 카드뮴설'이 반드시 재검토되어야 했기 때문으로 보인다.

그 후에도 한 차례 WHO를 무대로 반격이 시도되었다. 후지 TV 계열사인 FNS가 주최하는 '제7회 FNS 다큐멘터리 대상'의 대상 수상작은 도야마 TV의 〈30년째 그레이존 : 환경오염과 이 나라의 행태〉(1998)였다. '일본이 이타이이타이병의 원인을 인정하지 않는 이유와 하기노 의사의 죽음 이후 세계를 상대로 꾸며진 음모'를 내용으로 다룬 것이다.

이 다큐멘터리는 1990년 하기노 의사가 사망하자 곧바로 이타이이타이병을 역사에서 영원히 삭제해버리려는 움직임이 조용히 꿈틀거리기 시작한 상황을 배경으로 한다. 일본 정부는 전 세계를 적으로 돌리고 카드뮴과 이타이이타이병의 인과관계를 인정하지 않는 입장을 취했다. 목적은 1975년 전후에 일어난 반격과 같았다. 이것이 이른바 '일본과 WHO의 10년 전쟁'으로 불리는 사태다.

최종적으로 채택된 〈카드뮴 안전기준 문서〉에서는 "카드뮴에 의해 신장 장애와 골다공증을 동반한 골연화증이 발병한다. 이것이 이타이이타이병이다"라며 카드뮴과의 인과관계를 인정했다.

카드뮴과 이타이이타이병의 인과관계를 인정하지 않는 일본 정부의 주장에 따르면 "오염미의 구매 비용, 토양 복원 비용 등 기업 측 보상도 학문적 입장에서 재검토할 수 있다. 다시 소송이 제기되더라도 일본 정부에 책임을 물을 수 없다"라는 것으로, 이는 WHO에서 일본 위원이 주장한 내용이다.

일반적으로 카드뮴 섭취량의 약 40%는 쌀이 차지한다. 일본산 쌀의 카드뮴 함유량은 평균 1kg당 0.06mg이다. 쌀의 카드뮴 농도가 0.4ppm(1kg 중 0.4mg)을 초과할 경우에는 일반적으로 광산에서 카드뮴이 배출되어 논이 오염된 것으로 추정한다. 이 같은 쌀(오염미)이 차지하는 비율은 전체의 0.3%다. 오염미는 정부가 매수하여 공업용 풀을 만드는 원료로 사용되고 있다.

이타이이타이병의 역사를 돌이켜볼 때 가장 경악스러운 것은 전문가가 환자의 입장에 서지 않고 자신들이 지불해야 할 비용을 어떻게든 줄이려는 정부나 기업의 앞잡이 노릇을 자처했다는 사실이다. 미나마타병에서도 전문가 중 몇몇은 기업이 흘려보낸 폐수 중의 메틸수은을 부정하기 위해 갖가지 설들을 주장했다.

과학자든 의학자든 어떤 분야의 전문가라면 의식적으로 사회적 약자 편에 서는 것이 옳다고 생각한다.

미나마타병의 원인물질 메틸수은이 참치에 다량 함유되어 있다고?

수은에 관한 미나마타 국제 조약

미나마타(水俣) 조약은 수은에 의한 건강피해와 환경오염 방지를 목적으로 한 조약이다. 정식 명칭은 '수은에 관한 미나마타 국제 조약'이다. 그 서문에는 미나마타병을 교훈으로 삼는다는 내용이 기재되어 있다.

이 조약은 2013년 10월 국제연합환경계획(UNEF)에 의한 외교 회의에서 만장일치로 채택되었다. 조약의 내용을 한마디로 요약하면 "수은이나 수은을 함유한 제품의 제조와 수출입을 2020년 말까지 원칙적으로 금지한다"라는 것이다.

조약명에 미나마타가 들어간 이유는 일본 사상 최대의 비극이라

할 수 있는 미나마타병 사건 때문이다. 이것은 '공해의 기준점'이라 불릴 만큼 절대로 잊어서는 안 될 공해 사건이다.

미나마타병이 더 비참했던 것은 원인물질인 메틸수은이 뇌에 축적되어 영향을 미친다는 점이다. 한 번 손상되면 절대로 회복할 수 없는 신경계 장애가 일어난다.

환자가 고통과 함께 전신에 강한 경직과 경직을 일으키는 모습은 보는 사람에게 엄청난 충격을 안겼다. 중증일 경우 신음을 내며 착란 상태에서 고통받다 죽음에 이른다. 중증이 아니어도 손발 말단의 감각 장애, 난청, 시야 협착, 떨림 등 그 증상은 말로 표현하기 어려울 정도다.

미나마타병은 공장 폐수의 메틸수은이 농축된 생선을 섭취한 것이 그 원인이었다. 메틸수은에 의한 미나마타병은 화학물질에 민감한 사람이 매주 1.75mg 이상의 메틸수은을 섭취할 경우 나타나기 시작하는데 농도가 높아지면 증상 발현 환자의 비율이 증가한다. 임신 중인 산모가 섭취하면 태아에게까지 영향을 미쳐 선천성 미나마타병이 발생한다.

다양한 수은의 형태와 독성

수은은 크게 세 형태로 분류되는데 상온에서 유일한 액체 금속인 금속 수은, 그리고 황·산소·염소 등과 화합물을 이룬 형태의 무기 수은, 그리고 메틸수은·에틸수은·비닐수은 등의 유기 수은이다.

금속 액체 수은은 해가 거의 없지만 수은 증기를 장기간 다량으로 흡입하면 중독을 일으키므로 최근에는 체온계나 기압계에 수은이 사용되지 않는다.

무기 수은에는 인주 등에 사용되는 황화 수은, 수은전지에 사용되는 산화 수은, 설사약이나 이뇨제에 쓰이는 염화 수은(I)(염화 제일수은), 소독제나 방부제로 쓰이는 염화 수은(II)(염화 제이수은) 등이 있으며 특히 염화 수은(II)은 독성이 강하다. 유기 수은 중에는 특히 메틸수은이 강한 독성을 나타낸다.

당초에는 원인을 알 수 없어 희귀병으로 취급되었다. 발병된 지역 이름 때문에 '미나마타병'이라 불리게 된 때부터 세계적으로 가장 비참한 '공해' 사건이 시작된다.

1956년 4월, 5세의 여아가 보행 장애와 언어 장애, 광조(狂躁, 괴로움으로 미친 듯이 날뜀) 상태 등의 뇌신경 증상을 호소하며 당시 일본질소비료 주식회사의 칫소미나마타 공장(훗날 신일본질소비료 주식회사로 사명 변경) 부속병원 소아과로 이송되었다. 3일 뒤에는 2세인 여동생도 같은 증상으로 이송되었다. 호소카와 하지메(細川─) 원장이 미나마타보건소에 보고한 1956년 5월 1일은 미나마타병이 공식적으로 확인된 날이 되었다.

이를 수상하게 여긴 호사카와 원장이 조사를 시작하자 이와 비슷한 원인 불명의 중추신경질환 환자가 잇따라 다수 발견되었다.

칫소미나마타 공장 부속병원, 미나마타시 의사회, 보건소, 시립병원, 미나마타시 위생과로 구성된 미나마타시 희귀병 대책위원회가 발족되어 사태의 원인 규명에 나섰지만 좀처럼 그 원인을 찾을 수 없었다.

1956년에 공식 발견된 미나마타병

1956년 8월, 구마모토대학 의학부는 미나마타 희귀병 연구반을 구성하고 조사를 시작해 원인을 특정해나갔다. 약 3개월 뒤인 11월에는 어패류를 통한 모종의 중금속 중독이라는 가설을 발표했다.

1958년 9월, 칫소미나마타 공장은 미나마타만의 햐켄항으로 배출하던 공장 폐수를 미나마타강 하구로 방류하도록 변경했다. 그 결과 미나마타강 하구 부근과 그보다 북쪽 지역에서도 새로운 환자가 발생했다. 이에 따라 통상산업성은 칫소미나마타 공장에 배수로 폐지 등을 명령했다.

1959년 7월, 구마모토대학 의학부 미나마타 희귀병 연구반은 "미나마타병 원인물질은 수은 화합물, 특히 유기 수은일 거라는 결론에 도달했다"라고 보고했다. 그러나 칫소미나마타 공장은 폭약설(과거에 미나마타만으로 폐기된 폭약이 원인이라는 설)과 아민 중독(신선도가 떨어진 생선에 포함된 아민류의 중독이 원인이라는 설) 등을 주장하며 유기 수은설에 반론을 제기했다. 화학공업계에서도 유기 수은설을 부정하는 의견이 제기되면서 원인 규명은 미궁에 빠진 채 그사이 폐수는 계속 방출되었다.

구마모토대학 의학부 미나마타 희귀병 연구반은 실험을 거듭한 끝에 칫소미나마타 공장 폐수에 함유된 메틸수은이 원인이라는 사실을 밝혀냈다.

미나마타만의 조개로부터 메틸수은 결정을 추출하고 이를 고양이와 쥐에 투여한 결과, 사람과 똑같은 미나마타병이 발병된다는 것을 규명한 것이다. 그러나 폐수 방출을 막는 구체적 조치로는 이어지지 못했다.

미나마타병의 공식 확인일로부터 9년 뒤인 1965년, 니가타현 아가노강 유역에서 미나마타병이 발생했다. 후생성(현 후생노동성)은 쇼와전공 주식회사 가노세 공장 내의 버력산(탄광에서 캐고 남은 돌을 쌓아올린 무더기─옮긴이)과 배수구에서 메틸수은이 검출되어 공장 폐수가 원인으로 지목되었으나 쇼와전공 주식회사는 지진으로 유출된 농약설을 주장하며 인정하지 않았다.

이렇게 기업과 화학공업계가 원인 규명을 지연시키는 동안 환자는 더욱 늘어났다. 그 배경에는 정부나 산업계가 인명과 환경은 소홀히 한 채 고도 경제성장을 더 중시한 풍조가 자리잡고 있었다.

구마모토 의학부 미나마타 희귀병 연구반이 제기한 메틸수은설을 좀 더 일찍 인정했더라면 적어도 니가타 지역의 미나마타병은 막을 수 있었을 것이다.

호소카와 원장의 고양이 실험

훗날 미나마타병의 공식 확인 이전에도 미나마타병 환자가 발생했던 사실이 드러났다. 또 사람에게서 증상이 나타나기 몇 년 전부터 고양이에서 뇌전증과 유사한 증상이 보이면서 광사(狂死)하는 '고양이 미나마타병'이 다수 발생했던 것이다.

칫소미나마타 공장 부속병원 호소카와 원장은 1957년 5월부터 고양이를 이용한 동물실험을 시작했다. 1959년 10월 7일, 공장 폐수를 지속해서 투여한 400번째 고양이(고양이 400호)가 환자와 유사한 운동실조 증상을 나타냈다.

호소카와는 질소 비료 공장의 작업 공정 중에 어떤 원인으로 무기 수은이 유기 수은으로 변화하여 미나마타병을 일으킨 것이라고 확신했다. 이 사실을 공장 기술부 간부에게 보고하자 간부는 "겨우 한 마리의 사례로 판단할 수 없다"라고 부정했고 그로 인해 보고 내용은 공개조차 되지 않았다.

호소카와는 더 이상 실험을 진행할 수 없었다. 그는 만약 이 실험 결과를 발표했을 때 종업원을 비롯한 칫소미나마타 공장에 의지하며 먹고사는 많은 지역민이 거리에 나앉게 될 것을 고민했다. 결국 발표할 기회를 얻지 못한 채 세월은 그대로 흘러갔다.

칫소미나마타 공장은 고양이 400호 실험의 결과는 감춘 채 발병하지 않은 고양이 실험의 사례만을 발표하고 유기 수은설을 반박하면서 공장 폐수를 계속 배출했다. 게다가 입막음을 위해 돈으로 환자를 매수하여 더는 문제 삼지 않기로 약속받고 미나마타병을 덮으려고 했다.

환자 측 증인으로 나선 호소카와

한편, 1967년 당시의 공해 상황을 개선하기 위해 공해 대책 기본법이 제정되었다. 공해를 개선하는 책임이 기업에 있음을 명백히 한 것이다. 이듬해 정부는 미나마타병의 원인이 칫소미나마타 공장 폐수의 유기 수은에 있다고 단정했다. 칫소미나마타 공장도 이를 인정했다.

침묵을 강요당할 수밖에 없었던 환자와 유가족들은 이를 계기로 목소리를 높이기 시작했다. 1969년 환자와 유가족은 "칫소미나마타 공장은 공장 폐수 속 유기 수은이 원인이라는 사실을 알고 있었음에도 공장 폐수를 계속 배출했다"라는 사실을 들어 그들을 고소했다. 칫소미나마타 공장은 "당시는 폐수에 유기 수은이 들어 있다는 사실을 몰랐다"라고 주장했다.

원고 측 변호인은 이를 뒤집을 유력한 증인으로 고향인 에히메의 병원에서 의사로 일하던 호소카와에게 환자를 살리기 위해서 그 혼자만 알고 있는 사실을 증언해달라고 부탁했다. 호소카와는 4년 전 니가타 지역에서 미나마타병으로 고통받는 환자의 모습을 떠올리며 미나마타에서의 과거 일들을 후회했다. 그는 '그때 고양이 400호 실험 결과를 발표했었더라면 환자가 더 증가하는 것을 막을 수 있지 않았을까?'라고 자책했다. 호소카와는 기업과 환자 사이에서 고민한 끝에 환자 측 증인으로 나서기로 결단하고 변호인에게 직접 법정에서 증언하기로 약속했다.

1년 뒤 폐암 말기로 입원 중이던 호소카와에게 병실에서의 임상신문이 이루어졌다. 호소카와는 "고양이 400호 실험 결과를 보고 깜짝 놀랐습니다. 미나마타병이 아닐까, 이건 반드시 보고해야겠다고 생각했고, 직접 찾아갔어요"라고 증언했다. "그러면 기술부 사람은 이 고양이 실험에 대해 알고 있었다는 거죠?"라는 변호인의 질문에 호소카와는 "네. 그렇습니다"라고 답했다. 호소카와는 이 증언을 한 지 3개월 뒤 69세의 나이로 세상을 떠났다.

재판부는 "칫소미나마타 공장은 공장 폐수 속 유기 수은이 원인이라는 사실을 알면서도 폐수를 계속 배출한 과실책임이 있다"라고 판결했고, 결국 재판은 원고 측 승소로 끝났다.

엄마에서 태아로 전해진 메틸수은

미나마타병은 공장에서 배출된 메틸수은이 플랑크톤이나 해조류로 유입되고 이를 먹은 작은 물고기 몸속에 농축된다. 이어 큰 물고기가 작은 물고기나 해조류를 먹는 먹이사슬에 의해 큰 물고기 체내에 점점 축적되면서 해수의 1만 배 이상으로 농축된다. 그리고 이를 먹은 사람에게서 발병한다.

탯줄은 태아와 자궁에 붙어 있는 태반을 연결한다. 탯줄을 통해 모체의 혈액 중 영양소와 산소가 태아의 혈액으로 공급된다. 공급된 영양분과 산소를 통해 태아는 성장한다.

태아의 노폐물(이산화 탄소 등)은 모체의 혈액으로 배출된다. 모체는 그 노폐물을 자신의 소변과 함께 몸 밖으로 배출한다. 즉, 탯줄은 모체와 태아를 직접 연결하는 역할을 하는 매우 중요한 기관이다.

미나마타병 발견 당시 독극물은 태반을 통과하지 않을 것이라고 생각되었다. 그런데 메틸수은이 모체에서 태반을 통해 태아로 공급되어 선천성 미나마타병에 걸린 아기가 태어났다.

처음에는 원인을 알 수 없어 뇌성소아마비로 진단되었다. 모체에서 메틸수은이 줄어든 데다 증상이 바로 나타나지 않고 나타나도 경증이었기 때문이다.

제2 미나마타병인 니가타 미나마타병의 경우 선천성 미나마타병의 위험성이 밝혀진 뒤여서 임신 규제 등이 권고되었다. 니가타 미나마타병의 경우 선천성 미나마타병 환자는 1명만 발생한 것으로 알려져 있다.

메틸수은을 다량 함유한 생선

미나마타병은 고농도의 메틸수은을 섭취할 때 일어난다. 그런데 미나마타병보다 훨씬 농도는 낮지만 본래 자연계에도 메틸수은은 존재한다.

금속 수은은 화산 분화나 암석 풍화, 석탄 연소 등에 의해 대기 중으로 방출된다. 일부는 비나 안개에 포함되어 지상과 바닷물로 되돌아간다. 바다로 들어간 수은 일부는 미생물의 작용에 따라 독성이 강한 메틸수은으로 변환되고 생물 농축을 거쳐 먹이사슬의 상위 생물종인 가장 큰 물고기에 고농도로 축적된다.

일본은 세계적으로 손꼽히는 생선 소비국이다. 식용 어류와 패류 소비량에서 세계 1위다. 이 때문에 일본인의 체내 수은(주로 메틸수은) 축적량이 서양인보다 2~6배 높은 것으로 알려져 있다. 수은 농도가 비교적 높은 어종(어류가 아닌 고래나 돌고래 포함)은 참치류(참다랑어, 남방참다랑어, 눈다랑어, 기름녹새치, 황새치 등)·상어류(청새리상어, 까치상어 등)·심해어류(금눈돔, 게르치 등)·고래류(고래, 돌고래) 등이다. 주로 먹이사슬 상위에 있는 대어들이다.

후생노동성이 제시한 주의사항 재검토 내용

후생노동성은 2005년 〈임부의 어패류 섭취 및 수은에 관한 주의사항 재검토에 대하여〉를 발표했다. 대략적인 내용은 다음과 같다.

최근 어패류를 통한 수은 섭취가 태아에 영향을 미칠 가능성을 우려하는 의견이 보고되고 있다. 태아에 대한 영향은, 예를 들어 소리를 들을 때의 반응이 1,000분의 1초 이하의 수준에서 지연되는 것과 유사하다. 만약 영향이 있더라도 미래의 사회생활에 지장을 초래할 만큼 중대한 것은 아니다. 임부는 주의사항을 정확히 이해하는 것이 바람직하다.

건강한 임신과 출산을 준비하는 임부에게 어패류는 균형 잡힌 식단을 위해 꼭 필요한 식품이다. 그렇다고 임부에게 수은 농도가 높은 어패류를 먹도록 권하는 것은 아니다. 본 주의사항은 태아 보호를 최우선으로 하며 식품안전위원회의 평가에 따른 어패류 조사 결과를 바탕으로 작성되었다. 주의사항 대상이 된 어패류를 다량으로 섭취하는 것을 피하고 수은 섭취량을 줄임으로써 생선 섭취의 이점을 활용하기 바란다.

이와 함께 '임부가 주의해야 할 어패류 종류 및 그 섭취량(근육)의 기준'을 소개하고 있다.

◆ 임부가 주의해야 할 어패류 종류 및 섭취량(근육)의 기준

섭취량(근육) 기준	어패류
1회 약 80g일 때 임부는 2개월에 1회까지(1주당 10g 정도)	큰돌고래
1회 약 80g일 때 임부는 2주에 1회까지(1주당 40g 정도)	들쇠고래
1회 약 80g일 때 임부는 주 1회까지(1주당 80g 정도)	큰눈돔
	황새치
	참다랑어
	눈다랑어
	물레고둥
	망치고래
	향유고래
1회 약 80g일 때 임부는 주 2회까지(1주당 160g 정도)	황돔
	청새치
	홍감펭
	남방참다랑어
	청새리상어
	돌고래
	게르치

출처 : 약사·식품위생심의회 식품위생분과회/유육수산(乳肉水産)식품부회(2010년 6월 1일 개정)

임부가 아닌 사람은 주의하지 않아도 될까?

일반인들은 일본생활협동조합연합회의 조언이 좋은 참고가 될 것이다. 내용을 요약하면 다음과 같다.

"특정 수산물을 편식하면 해로운 수은을 과다 섭취할 가능성이 있다. 참치류·상어류·심해어류·고래류 등 메틸수은 농도가 높은 수산물을 주된 반찬으로 하는 요리는 주 2회 이내(합해서 1주에 대략 100~200g 정도 이하) 섭취를 권장한다. 꽁치, 정어리, 삼치 등 메틸수은 농도가 낮은 수산물을 특별히 삼갈 필요는 없다. 어떤 음식이든 편식은 피하고 균형 있게 섭취하는 것이 바람직하다."

수은 농도가 낮은 것은 꽁치, 정어리, 삼치, 오징어 등으로 1년의 짧은 기간 동안 성장하며 먹이사슬의 상위가 아닌 어패류다. 어패류를 자주 섭취하는 사람은 이런 종류 중에서 선택해 먹기를 권한다.

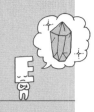

4장

과학자들을 매료시킨
악마의 물질

근대과학의 선구자 뉴턴은
연금술사였다?

'현자의 돌'로 금을 만들어낼 수 있다고 믿은 연금술사들

고대에서 17세기까지 매우 성행한 연금술은 철, 납, 구리 등의 비금속으로부터 금과 같은 귀금속을 만들어내는 비술을 비롯해 불로장생하는 약이나 만병통치약을 만들려는 비술까지 실로 다방면에 이른다.

여기서는 필자의 다른 책《세상의 모든 화학 이야기》를 바탕으로 '현자의 돌'을 추구한 역사를 되돌아본다. 그리고 1687년《프린키피아 : 자연철학의 수학적 원리(Philosophiæ Naturalis Principia Mathematica)》저술을 통해 역학 체계를 구축하여 근대과학의 선구자라 불리게 된 아이작 뉴턴(Isaac Newton, 1642~1727)이 열정적으로 임했던 연금술 연구를 소개한다.

연금술은 금을 향한 인간의 비정상적인 욕망의 단면을 드러낸다고 할 수 있다. 이것은 그리스 문명의 아리스토텔레스(Aristoteles, BC384~ BC322)가 주장한 원소설(元素說)에서 영향을 받았다.

모든 물질은 '불·공기·물·흙'의 네 가지 '원소'로 구성되어 있고 이 '원소'를 이루는 성질은 따뜻함·차가움·건조함·습함이라는 사상이다. 즉 '성질은 바꿀 수 있다. 습함은 차가움 또는 건조함으로 바꿀 수 있다. 그렇다면 원소도 바꿀 수 있을 것이다. 따라서 금속을 금으로 바꾸는 것도 가능할 것'이라고 생각한 것이다.

이슬람 연금술의 제1인자 자비르 이븐 하이얀(Jābir ibn Haiyān, 721?~815?)은 페르시아에서 태어나 바그다드 근처 쿠파에서 살다가 이라크에서 죽었다. 당시 제국은 '천일야화'의 주인공으로 유명한 하룬 알 라시드(Harun al Rashid)왕이 통치하고 있었다.

자비르는 아리스토텔레스의 원소설에 영향을 받고 거기에 자신만의 사상을 덧붙였다. 특히 모든 금속은 수은과 황으로 만들어진다고 생각했으며 금으로 변성하려면 현대 화학의 촉매처럼 반응 전후로 그 자체는 변화하지 않고 반응을 촉진하는 물질이 필요하다고 주장했다. 이 촉매 역할을 하는 물질을 연금술에서는 '현자의 돌'이라 부르게 되었다.

불로장생약을 찾는 데 이용된 연금술

유럽에 이슬람 연금술이 전파되고 중세 후기부터 근대 초기에 이르자 우주의 구조를 규명하기 위해서는 연금술을 연구해야 한다는 사상이 싹트기 시작했다.

연금술사들은 '현자의 돌'이라는 물질을 이용하면 금속을 금으로 바꿀 수 있다고 믿었고 현자의 돌을 만들어내려고 혈안이 되었다.

그러나 현자의 돌을 만들어 금속을 금으로 변성하는 데 성공했다는 전설은 수없이 많지만 실제로 성공 사례가 확인된 적은 없다. 사기를 제외하면 기껏해야 합금이나 도금 정도였다.

현자의 돌은 단순히 비금속을 금으로 바꾸는 것만이 아니라 모든 질병을 치유하고 건강을 지켜주는 만병통치약, 불로장생의 약으로 여겨졌다. 현자의 돌에는 광물의 원소도 금속의 원소도 영적인 원소도 들어 있으므로 광물이나 인간 모두에 작용할 수 있다고 믿었기 때문이다. 이처럼 연금술사들이 불로장생 약을 추구했기 때문에 연금술은 약품 제조에도 이용되었다.

15세기 연금술사 중 눈부신 활약을 보인 이는 스위스의 파라셀수스(Philippus Paracelsus, 1493~1541)였다. 그는 의사 집안에서 태어나 광물학과 치금학(治金學)을 수학하고 여기저기 떠돌아다니면서 연금술과 의학을 배웠다. 그는 연금술사로서 현자의 돌을 끝까지 추구했고 이것이 불로장생의 묘약이라고 확신했다.

파라셀수스는 기존의 '모든 금속은 수은과 황으로 만들어진다'는 사상을 부인하고 수은과 황 이외에 제3의 성분으로 소금을 넣었다. 연금술사의 영혼과 정신과 육체라는 삼위를 구체적으로 표현한 것이다. 연소성 물질인 불(火) · 황은 영혼에, 물(水)인 수은은 정신에, 흙(土) · 소금은 육체에 대응한 것이었다. 그의 3대 원자설은 이전의 수은 · 유황설을 대체했다.

뉴턴의 연금술 연구, 뉴턴은 최후의 마술사인가?

파라셀수스가 사망하고 2년이 채 지나지 않아 지동설을 주장한 코페르니쿠스(Nicolaus Copernicus, 1473~1543)의 저서 《천구의 회전에 관하여》가 출판되었다. 코페르니쿠스 · 갈릴레이(Galileo Galilei, 1564~1642) · 케플러(Johannes Kepler, 1571~1630) · 뉴턴 등 근대과학의 조상들이라 불리는 과학자의 시대가 시작된 것이다.

근대과학을 개척한 과학자들은 연금술에 빠져들었고 특히 뉴턴은 열정적으로 '현자의 돌'을 추구했다. 그는 1668년경부터 1720년대까지 연금술을 연구했다. 20대 중반에서 만년에 이르기까지의 오랜 기간 동안 어쩌면 뉴턴의 마음을 가장 강하게 사로잡은 것은 만유인력의 법칙이나 운동의 법칙, 광학 이론이 아닌 연금술이었을지도 모른다.

그 모습을 역사가 베티 조 돕스(Betty Jo Dobbs)는 자신의 책 《천

재의 야누스 얼굴 : 뉴턴 사상에서 연금술의 역할(The Janus Face of Genius)》(1991) '1장 아이작 뉴턴, 화롯가의 철학자' 서두에서 쉽게 풀어 소개한다.

- 수많은 연금술 문헌을 수집한 뉴턴은 그것을 두꺼운 노트에 정리하고 종합해 몇 편의 논고를 썼다. 그리고 드디어 선행 문헌에 대한 주석을 가득 실은 독자적인 논고를 완성했다. 직접 수기로 쓴 이들 원고는 방대한 양이었다.
- 그는 실험기록도 남겼다. 거칠고 짧은 실험기록의 문장 하나하나 뒤에는 그가 실험실에서 사용한 것들, 즉 벽돌로 자체 제작한 난로, 도가니, 절구와 절구 봉, 증류기, 숯불과 함께한 수많은 시간이 숨어 있다. 일련의 실험은 몇 주, 몇 달, 몇 년에 이를 때도 있었다.
- 17세기의 '화롯가의 철학자'라는 표현은 불을 때기 위해 난로 옆에 있는 사람들, 이른바 배움이 없는 '화부'(불을 조절하거나 불 때는 일을 맡은 사람)나 인간적 도리를 벗어난 사기꾼 또는 아마추어 '화학자'들과 진정한 철학적 연금술사를 구별하기 위해 쓰이는 말이다. 그러므로 이 말을 뉴턴에게 적용해도 아무런 문제는 되지 않을 것이다. 만약 이 말에 가장 합당한 사람을 찾으라고 한다면 그 인물이야말로 바로 뉴턴일 것이다.

뉴턴은 50대 시절, 한때 정신착란증을 일으켰는데 후세에 그 원인으로 여러 가지 설이 제기되었다. 그중 하나가 수은 중독설이다. 뉴턴의 머리카락에는 일반인의 10배나 되는 수은이 검출되었다고 한다. 그 외에 금, 비소, 납, 안티모니(안티몬)도 정상 수치에서 벗어나 있었다. 그만큼 '화롯가의 철학자'로서 '현자의 돌'을 추구하는 연금술 실험에 심취했다고 할 수 있다.

아마 대부분의 사람들은 뉴턴이 근대과학의 선구자인 만큼 과학적 사고방식과 합리적 방법으로 연구를 했을 것이라고 생각할 것이다. 그의 연구 방법의 핵심은 수학적 모델을 만들어내고, 특히 수학, 실험, 관찰, 이성을 중심으로 한 과학적 연구 방법을 활용했다는 주장이 있다. 그래서 더더욱 그런 뉴턴이 연금술 연구에 심취했다는 사실에 적잖이 놀랄 것이다.

유명한 경제학자 케인스(John Keynes, 1883~1946)는 1936년 소더비 경매에 나온 뉴턴의 수기 기록물(포츠머스 컬렉션)을 절반가량 사들여 직접 읽었다. 미발행 기록들을 읽은 케인스는 "뉴턴은 합리적 이성 시대에 속하는 최초의 인간은 아니었다. 그는 오히려 최후의 마술사였다"라고 말했다.

연금술사로서의 뉴턴을 연구한 베티 돕스는 "뉴턴이 추구한 것은 신을 아는 것이었다. 뉴턴에겐 연금술도 물질계에서 현재 진행 중인 신이 활동하는 이야기였다"라고 말했다. 그리고 "뉴턴은 이를 위해 사용할 수 있는 것이라면 그 출처가 무엇이든 수학, 실험, 관찰, 이성은 물론 계시(신이 인간에게 인력으로는 도저히 이해할 수 없는 것을 보이고 나타내는 것), 역사 기록, 신화, 갈기갈기 찢어진 고대 지성의 잔해까지 모든 증거를 수집했다"라고 서술했다.

현자의 돌에 얽힌 수수께끼가 없었다면 화학의 운명은?

끝내 뉴턴은 '현자의 돌'을 찾지 못했다. 그런데 그는 '현자의 돌'이 너무나 갖고 싶었던 모양이다. 1692년 1월 26일, 친구 존 로크(John Locke, 1632~1704)에게 다음과 같은 편지를 보냈다.

" 존 로크 님, 저는 보일 씨가 빨간 흙과 수은의 제조법을 저뿐만 아니라 당신에게도 알려주고, 세상을 뜨기 전 친구분께 그 흙을 조금 나누어주셨다는 사실을 알고 있습니다."

빨간 흙이란 현자의 돌을 말한다. 여기서 '친구분'은 은연중에 로크를 의미하며 빨간 흙을 자기에게도 나누어달라는 내용이다.

코페르니쿠스·갈릴레이·케플러·뉴턴은 모두 신앙심이 두터운 크리스천이었으며 뉴턴뿐만 아니라 코페르니쿠스, 케플러 모두 신비주의 사상의 소유자였다.

케인스는 시대를 크게 두 가지로 분류했는데 하나는 연금술을 포함한 마술의 시대이고, 다른 하나는 합리적 이성의 시대다. 실제 당시 과학자들 사이에는 천체 운동, 물체의 역학 운동 같은 기계론적 부분과 신이나 인간의 영혼 등 영적인 것과 관련된 종교·마술·연금술·생물의 성장과 발효 같은 비기계론적 부분이 혼재되어 있는 것으로 보인다. 기계론이란 모든 현상을 기계적인 법칙으로 설명하려는 사고론을 말한다.

연금술에도 마술적인 부분과 이후 연금술이 발전함에 따라 축적된 물질의 성질이나 변화에 대한 박물학적 지식이 혼재되어 있었을 것이다.

뉴턴이 로크에게 쓴 편지에 등장하는 보일은 보일의 법칙(기체의 부피와 압력은 반비례한다)으로 유명한 화학자다. 그도 연금술에 푹 빠져 있었다. 암호를 사용하여 비밀리에 쓴 보일의 노트를 보면 그가 얼마나 열정적으로 현자의 돌을 추구했는지 엿볼 수 있다. 뉴턴의 편지에서 보듯 뉴턴이 "보일이라면 '현자의 돌'을 만들어냈을 것"이라고 생각할 정도였다.

그랬던 뉴턴이지만 한편으로 저서 《의심 많은 화학자(The Sceptical chymist)》(1661)를 완성하고 새로운 원소의 정의를 주장하여 아리스토텔레스의 4대 원소설, 파라셀수스의 3대 원자설을 비판하면서 근대과학의 선구자로 불리고 있다.

19세기의 화학자 유스투스 폰 리비히(Justus von Liebig, 1803~1873)는 다음과 같이 말했다.

"현자의 돌에 얽힌 수수께끼가 없었다면 화학은 지금의 모습을 갖추지 못했을 것이다. 왜냐하면 현자의 돌이 존재하지 않는다는 사실을 알아내기 위해 사람들은 지구상의 온갖 물질을 자세히 조사해야 했기 때문이다."

세상을 떠들썩하게 한 탈륨 범죄,
'그레이엄 영 사건'

애거사 크리스티 추리소설로 유명해진 탈륨염 중독

탈륨의 홑원소 물질은 나트륨과 마찬가지로 칼로 자를 수 있을 정도로 부드럽고 공기 중에 노출하면 바로 표면이 산화되어 변색하는 금속이다. 그래서 석유 안에 보관한다.

탈륨이라는 원소의 이름은 막 싹튼 어린 잎이 햇살을 받아 초록색으로 빛나는 식물을 의미하는 고대 그리스어의 '탈로스'에서 유래했다. 이는 불꽃반응과 관련이 있다. 불꽃반응은 고등학교 화학 실험에서 해본 경험이 있을 것이다. 백금선 끝에 수용액을 묻혀 무색의 화염에 넣으면 각 원소 특유의 색을 나타낸다. 탈륨의 불꽃반응은 구리나 바륨의 녹색보다 새로 나온 잎의 초록빛을 뜻하는 신록에 가까운 선명한 녹색을 띤다.

수은과의 합금은 −60℃까지 액체 상태를 유지할 수 있으므로(수은 홑원소 물질은 약 −39℃까지) 극한지에서 기온을 측정하기 위한 온도계에 쓰인다.

탈륨의 독성은 효력이 늦게 나타나는 지효성이 있다. 칼륨과 성질이 유사하여 체내에 유입되면 칼륨과 대치되어 서서히 독성을 나타낸다.

홑원소보다 화합물의 독성이 더 강하며 과거에는 이 독성을 이용하여 황산 탈륨 등을 쥐약, 살충제(개미 퇴치제)로 사용했다. 황산 탈륨은 무미·무취로 물에 녹는 맹독성 물질이다. 성인 치사량은 약 1g으로 알려져 있으며 섭취량이 500mg을 초과하면 대부분 사망한다고 한다.

애거사 크리스티(Agatha Christie, 1890~1976)의 추리소설《창백한 말(The Pale Horse)》(1961)에서 탈륨이 독물로 등장한 이후 실제로 이를 모방한 범죄가 발생하자, 현재는 사용이 금지되었다. '창백한 말'은 신약성경 요한계시록에 나오는 '보라, 창백한 말이 있어 이를 타는 자 죽으리라'라는 구절에서 따온 제목으로 탈륨염 중독이 소설의 주요 소재다.

소설의 배경은 과거 '창백한 말'이라는 숙박시설로 쓰였던 오래된 민가로, 그 집의 주인은 심령술과 마술에 빠진 세 명의 여인들이다. 이곳에서는 범죄조직이 거액의 보수를 대가로 탈륨염에 의한 독살을 벌이고 있었다.

작품 《창백한 말》의 서두에서 젊은 두 여성이 크게 싸우는 장면이 나온다. 빨간 머리 여자가 금발 머리 여자의 뺨을 때린다. 뺨을 맞은 금발 머리 여자도 질세라 빨간 머리를 틀어잡고 의자에서 끌어내린다. 금발 머리 여자 손에는 상대 여자의 머리에서 뽑힌 빨간 머리카락이 한 움큼 쥐어져 있다. 싸움이 멈추자 가게 주인이 머리가 뽑힌 여자를 걱정하지만, 그녀는 "하나도 안 아파요"라며 아무렇지도 않은 표정을 짓는다. 이 일이 나중에 탈륨염 중독 사건으로 이어진다.

탈륨염 함유 제모 크림

19세기에 탈륨염의 탈모 효능이 알려지면서 제모 크림으로 발매된 적이 있다. 실제로 이 제모 크림은 1930년대 초, 미국에서 꽤 유행했다고 한다. 턱에 이 크림을 바른 여성의 경우 목덜미에 겨우 100올 정도만 남기고 나머지 머리카락이 다 빠져버렸다. 코밑에 바른 여성은 다발로 머리가 빠졌고 서 있는 것조차 힘들어 입원한 뒤에는 털이란 털은 모조리 다 빠졌다. 시력을 상실한 여성도 있었다.

미국 의사회는 "탈륨염 함유 크림은 국민의 안전에 위협이 된다"며 거듭 경고했다. 그런데도 여성들은 이를 계속 사용했다. '보기 흉한 잔털을 제모하면 피부가 백옥처럼 빛난다'며 크림 효과를 선

전하는 광고들이 여성 잡지에 계속 실렸기 때문이다.

탈륨 외에도 다양한 중독 사건들이 잇따르자 1938년 미국 연방 의회는 '연방 식품·의약품·화장품법'을 통과시켰고 루스벨트 대통령이 이에 서명했다. 이 법률에 따라 미국식품의약국(FDA)은 기업에 안전성 시험과 정확한 표시를 요구하고 손해를 미칠 경우 제조업자에게 법적 책임을 물을 수 있는 권한을 갖게 되었다.

그레이엄 영의 독극물 독살 사건

1947년에 태어난 그레이엄 영(Graham Young)은 어릴 때부터 독극물이 인체에 미치는 영향에 큰 관심을 가졌다. 열세 살 때 약국에서 안티모니 등의 독극물을 조금씩 구매해서 가족들에게 투여하고 그 반응을 관찰했다.

그 후로 학교 과학실험실을 드나들 수 있게 되자 화학실험에서 사용하는 약품을 자유롭게 손에 넣을 수 있게 되었다.

열네 살 때는 그와 사이가 나빴던 계모가 원인 불명의 질병으로 사망했다. 아버지와 누나도 종종 통증과 구토에 시달렸다. 경찰이 조사한 결과 그레이엄의 방에서 안티모니와 탈륨을 비롯한 다량의 독극물이 발견되어 그레이엄이 체포되었다. 그는 정신병원에 수용되었지만 그곳에서도 환자를 독살했다.

9년 뒤 퇴원한 그레이엄은 사진 현상소에 취직했다. 그런데 그가 근무한 이후로 그 직장에서 의문의 질병이 유행하기 시작한다. 그레이엄은 동료들이 마시는 차에 독극물을 타서 동료 2명을 독살한다. 조사에 착수한 법의학자는 죽은 두 사람의 증상이 애거사 크리스티의 소설《창백한 말》에 등장하는 피해자의 증상과 매우 유사하다는 사실을 발견한다. 모두 현저한 탈모 증상을 보인 것이다.

그레이엄이 용의자로 떠오르면서 그의 방에서 실험도구와 독약 사용을 자세히 기록한 이른바 '독살일기'가 발견되었다. 그레이엄은 2명의 살인죄와 6명의 살인미수죄로 체포되었다.

그레이엄이 존경한 인물은 영국 빅토리아 왕조시대의 유명한 독살마 윌리엄 파머(William Palmer, 1824~1856)였다. 파머는 14명을 독살했다. 그레이엄은 재판에서 종신형을 선고받았는데 그 후 1990년 옥중에서 심장마비를 일으켜 42세 나이로 사망했다.

이 사건은 탈륨염에 의한 범죄 중 가장 유명한 범죄로 기록되었다.

위험성을 모른 채
라듐 공포에 노출된 '라듐 걸스'

방사능과 전자 등 새로운 발견 잇따라

19세기 말에서 20세기 초에는 물리학 분야에서 새로운 발견이 이어졌다. 그중 기존 자연과학에서 상식이었던 '원자는 더 이상 쪼갤 수 없는 물질의 가장 작은 단위'라는 설을 뒤집는 발견도 있었다.

또한 1895년 독일의 빌헬름 뢴트겐(Wilhelm Röntgen, 1845~1923)이 X선을 발견한 것을 계기로 프랑스의 앙리 베크렐(Antoine Henri Becquerel, 1852~1908)의 방사능 발견(1896년), 피에르 퀴리(Pierre Curie, 1859~1906)와 마리 퀴리(Marie Curie, 1867~1934) 부부의 토륨 방사능 발견 그리고 폴로늄과 라듐의 방사능 발견이 이어졌다(모두 1898년).

또 영국의 J.J. 톰슨(Joseph John Thomson, 1856~1940)의 전자 발견(1897년), 막스 플랑크(Max L. Planck, 1858~1947)의 양자론(1900년), 아인슈타인(Albert Einstein, 1879~1955)의 상대성이론(1905년)이 등장했다.

베크렐은 사진 건판을 암흑에 설치하거나 검은 종이로 싸서 그 위에 우라늄이 함유된 화합물을 올려놓으면 사진 건판이 감광된다는 사실을 발견했다. 이는 우라늄 화합물로부터 검은 종이를 투과하는 X선과 유사한 눈에 보이지 않는 방사선이 나오기 때문이라고 생각했다. 베크렐은 이를 우라늄선이라고 불렀으며 다른 연구자들은 베크렐선이라 불렀다. 베크렐은 우라늄 원소(원자)가 들어 있는 우라늄 화합물은 그 화합물이 어떤 것이든 모두 이러한 성질을 가지고 있으며 그것은 원자 자체에 있는 성질이라는 것을 규명했다. 우라늄 화합물에서 방사선이 확인된 것이다.

폴란드 출신의 화학자 마리 퀴리는 우라늄 등의 방사성 물질이 지닌, 방사선을 방출하는 성질과 능력을 방사능이라고 명명했다.

방사성 원소 폴로늄과 라듐의 발견

얼마 지나지 않아서 베크렐선을 방출하는 것은 우라늄뿐만이 아니라는 사실이 밝혀졌다.

마리 퀴리는 박사 논문 주제로 우라늄 화합물과 토륨 화합물을 선택했고 토륨 또한 방사능을 지니고 있다는 사실을 증명했다.

또 우라늄을 추출한 뒤 보통은 폐기해버리는 피치블렌드 (Pitchblende, 역청 우라늄석)라는 폐광물이 강한 방사능을 지닌다는 사실을 발견했다. 퀴리는 여기에 우라늄보다 더 강한 방사능을 지닌 원소(원자)가 분명 들어 있을 거라 확신하고 연구를 계속했다.

퀴리는 수천 킬로그램에 이르는 피치블렌드를 큰 가마에 녹이고 자신의 키만큼이나 긴 막대기로 휘저었다. 이런 노력 끝에 결국 첫 번째 방사성 원소 폴로늄을 발견해냈다. 폴로늄이 분리된 잔류물에서도 여전히 강한 방사성 물질이 검출되었다.

우라늄의 원료로 사용된 피치블렌드는 상당히 고가였지만, 퀴리는 오스트리아의 우라늄 공장에서 우라늄을 추출하고 남은 피치블렌드를 몇 톤이나 구매하여 남편 피에르와 함께 또다시 큰 가마로 작업을 계속했다. 그리고 드디어 두 번째 방사성 원소 라듐을 발견했다. 피치블렌드 1t에서 얻어낸 폴로늄은 100μg(0.0001g), 라듐은 0.14g에 불과했다.

라듐이 건강과 미용에 좋은 고급 제품이라고?!

라듐에서 나오는 방사선이 세포에 영향을 미친다는 사실은 발견 초기부터 알려져 있었다. 1901년 베크렐은 극히 미량의 라듐이 든 상자를 바지 뒷주머니에 넣고 다녔는데 이로 인한 라듐 피부염으로 늘 화상을 입은 것처럼 붉은 물집이 생겼다.

마리 퀴리는 이 소식을 듣고 시험 삼아 라듐을 팔에 붙였는데 홍반(피부에 생기는 빨간 점)이 생겼다. 하지만 이러한 급성 장애는 바로 알 수 있었던 반면, 장시간에 걸친 방사능 피폭의 영향은 좀처럼 알아낼 수 없었다.

오랫동안 방사성 물질을 취급한 결과, 퀴리의 건강은 점점 나빠졌고 1934년 재생불량성 빈혈로 세상을 떠났다. 이는 골수가 심하게 훼손되어 혈액세포가 재생되지 않는 질병으로, 뒤에 나오는 라듐 걸스의 생명을 앗아간 빈혈과 동일한 것이다.

1906년 퀴리의 남편 피에르가 마차에 치여 사망한 것도 라듐으로 몸이 쇠약해졌기 때문이라는 설이 있다. 유럽의 라듐연구소에서는 백혈병에 걸린 과학자들도 생기기 시작했다.

토머스 에디슨(Thomas Edison, 1847~1931)은 뢴트겐의 X선 발견 후 X선 투시 장치 개발에 전념하고 있었다. 그의 조수였던 클라렌스 달리(Clarence Dally)는 X선 투시 장치의 실험 대상이 되었는데 두 손에 궤양이 생기는 방사선 해를 입었다. 죽음을 면하려고 양팔을 절단했음에도 불구하고 1904년 결국 사망했다.

당시 X선은 위험하지 않은 것으로 알려져 있었다. 에디슨은 'X선이 나의 조수 미스터 달리에 어떤 유해한 영향을 미쳤는가'에 대해 기록했다. 에디슨은 결국 X선 연구를 포기했다.

20세기 초 라듐은 금보다 훨씬 비싼 상품이었다. 마리 퀴리는 '나의 아름다운 라듐'이라 칭송하면서 평생의 연구 대상으로 삼았다. 그 후 라듐염을 투여하면 암이 작아진다는 사실이 밝혀졌다. 라듐에서 방사되는 방사선으로 몸 안의 암세포를 파괴하여 치료하거나 라듐 제제를 투여하여 치료하는 등의 라듐요법 치료가 시행되기 시작했다. 참고로 현대의 방사선 치료에서는 인공 방사선원(코발트 60)을 사용하고 있다.

라듐에는 '빛' '과학' '고급'이라는 이미지가 생겨났고 일반 소비자들을 대상으로 사용되기 시작했다. 특히 라듐 광석 등을 사용한 제품은 건강과 미용에 좋다는 점을 내세워 판매되었다.

라듐이 전혀 들어 있지 않아도 '라듐'이라는 단어가 상품명에 들어가기만 하면 과학적이고 고급스러운 이미지를 기대할 수 있었다. 그래서 수많은 라듐 브랜드 제품들이 판매되기 시작했다. 그런데 그중에는 실제로 라듐이 들어 있는 제품도 있어서 건강에 피해를 입히는 사례가 발생했다.

라듐 브랜드 상품으로는 라듐 워터(마시면 활력이 생김), 라듐 맥주, 라듐 사탕, 라듐 함유 페이스크림(피부 재생), 라듐 함유 에나멜 도료, 라듐 브랜드 버터, 라듐 브랜드 시거, 라듐 담배, 라듐 브랜드 파우치, 라듐 콘돔 등이 있었다. 사람들은 라듐이 든 알약을 먹고 건강을 회복하고 머리에 라듐이 배합된 약을 발라 흰머리를 검게 만들려고 했다. 당시 사람들은 라듐을 섭취하면 아름다운 피부, 무한한 활력, 그리고 영원한 건강을 얻을 수 있을 것이라 믿었다.

◆ 라듐 워터

야광 시계 공장의 라듐 걸스

유럽에서 라듐을 연구하는 과학자들이 목숨을 잃어가고 있다는 사
실은 미국에서 별로 화제가 되지 않았다. 하지만 미국에서도 라듐
에 대해 불안을 느끼게 하는 사건이 일어났다.

제1차 세계대전 때부터 1924년경까지 야광 시계를 제조하던 미
국 여성 직공들에게서 라듐 중독이 발생했다. 이 야광 시계는 방사
능이 들어 있는 라듐에서 방출되는 알파선이 형광도료를 바른 문자
판을 빛나게 하는 원리로 제작된 시계였다.

미국 뉴저지주 라듐 코퍼레이션(Radium Corporation) 공장에서
주로 10대에서 20대 사이의 젊은 여성 직공들이 라듐이 함유된 형
광도료를 붓에 묻혀서 손목시계 문자판의 작은 숫자나 선, 세련된

탁자 시계의 예쁜 문양 등을 그리는 작업을 했다.

이들은 휴식 시간에 라듐 도료로 놀기도 했는데 머리에 뿌리거나 손톱에 바르면 빛이 났기 때문이다. 퇴근할 때 치아에 바르는 여성도 있었다. 당시 누구도 이를 위험하게 생각하지 않았다. 왜냐하면 의사들이 치료에 똑같은 물질을 사용했고 부자들이 라듐 광석으로 만든 수영장에서 수영을 했으며, 그 외에 다양한 라듐 브랜드 제품들이 널리 팔리고 있었기 때문이다.

특히 더 문제가 된 것은 여성 직공들이 미세한 점을 찍는 작업을 할 때 도료가 묻은 붓끝을 다듬기 위해 입술과 혀를 이용했다는 점이었다. 그 바람에 다량의 라듐이 체내로 들어가 뼈 주위에 생기는 암인 골육종 등에 걸리고 말았다.

맨 처음 증상이 나타난 몰리 매지아(Mollie Maggia)는 4년을 직공으로 일하고 1922년 24세의 나이에 사망했다. 처음에는 치통으로 시작해서 치아가 하나씩 빠지더니 나중에는 거의 모든 치아가 빠져 음식을 씹을 수 없을 정도였다. 입안 전체에서 악취가 나면서 부어올랐고 이윽고 턱 전체와 입 그리고 귀 일부가 농양으로 가득 찼다. 턱이 썩어서 치과의사가 진료를 위해 만지자마자 바로 턱뼈가 부서졌다. 점차 손을 쓸 수 없을 만큼 심한 빈혈로 쇠약해져갔다. 이런 증상을 보이기 시작하고 약 1년 안에 사망했다. 1924년까지 비슷한 증상으로 모두 9명이 사망했다.

머틀랜드 보고서와 방사능 관련 소송의 잇단 승소

병리학자 해리슨 머틀랜드(Harrison Martland)는 젊은 여성 직공들을 조사한 결과, 간과할 수 없는 새로운 사실을 발견하게 된다. 이들에게서 라돈 가스가 방출되고 있었던 것이다. 라돈 가스는 라듐이 붕괴할 때 발생하는 가스다.

1925년 머틀랜드는 라듐이 체내에서 칼슘과 유사한 작용을 한다는 것을 발견했다. 즉 라듐이 여성 직공들의 뼈 안의 칼슘과 대치되어 체내에 축적되고 있었던 것이다. 라듐에서 방출되는 알파선에 의해 무수히 많은 작은 구멍으로 구성된 골질이 파괴되고 점차 그 구멍이 커지면서 뼈가 썩어갔으며 골수에서 빈혈과 백혈병이 발병한 것이다.

머틀랜드의 보고서가 발표된 그해 과거에 야광 시계 공장에서 일했던 여성 직공 5명이 회사를 상대로 소송을 진행하면서 이들은 '라듐 걸스'라 불리게 된다. 하지만 몇 명은 대기업을 상대로 하는 법적 대응에 두려움을 느껴 도중에 회사와 타협하고 만다. 대공황 시대의 불경기에 지속적인 운영을 통해 고용을 창출하는 기업을 상대로 소송하는 그녀들에 대한 여론도 매우 부정적이었다.

재판과 관련하여 머틀랜드는 첫 사망자 몰리 매지아의 진단 내용에 의문을 품었다. 증상은 전형적인 라듐 중독인데 사망 증명서에는 '궤양성 구내염'으로 적혀 있었기 때문이다.

1928년 머틀랜드는 뉴욕 감찰의무국의 찰스 노리스(Charles Norris)에게 뼈에 대한 감정을 의뢰했다. 노리스는 이를 유능한 독물학자에게 위탁할 것을 제안했다. 이렇게 하여 몰리 매지아의 묘에서 유골이 수습되었고 뉴욕으로 보내졌다. 유골을 조사하자 뼈와 재에서 사후 6년이나 지났음에도 강한 방사능이 검출되었다. 재판이 제기되고 3년 사이에 무려 13명의 문자판 담당 여성 직공들이 목숨을 잃었다.

1928년 재판은 회사 측이 화해 협상에 응하여 1인당 1만 달러의 현금과 연금, 의료비, 소송비용 등을 회사에서 지불하는 것으로 마무리되었다. 이 금액은 그녀들이 요구했던 액수에는 훨씬 미치지 못했으나 생전에 조금이라도 받을 수 있게 된 것에 안도했다.

뉴저지주에서 5명이 일으킨 이 소송 이후로 일리노이주에서는 여성 5명이 과거에 일했던 라듐 다이얼사를 고소했고 1938년 손해배상 소송에서 승소했다.

이와 같은 방사능 관련 사건들을 거치면서 이후 인체에 대한 방사선의 영향이 연구되기 시작했다.

장기간에 걸친 피폭은 정말 무서워

방사성 원소에 사로잡힌
데이비드 한의 비참한 최후

원자로 제작에 나선 16세 소년

샘 킨(Sam Keen)의 《사라진 스푼-주기율표에 얽힌 광기와 사랑, 그리고 세계사(The Disappearing Spoon)》와 위키피디아의 '데이비드 한'의 설명에 따르면, 미국의 데이비드 한(David Hahn, 1976~2016)은 어릴 때부터 화학을 좋아해서 화학실험 키트로 집에서 화학실험을 즐겨 했다.

하지만 화학실험 키트로는 성에 차지 않자 집의 침실 벽이나 카펫을 날려버릴 정도로 위험천만한 실험을 하기 시작한다. 이를 보다 못한 그의 어머니는 집의 지하실로, 나중에는 뒤뜰 창고로 내쫓았으나 오히려 이것이 그에게는 비밀 프로젝트를 수행하기에 더 좋은 조건이 되고 말았다.

데이비드는 16세 때부터 뒤뜰 창고서에 원자로(증식로) 제작에 착수한다. 세계 에너지 고갈 문제를 해결하고 석유에 대한 의존도를 어떻게든 해결해보겠다는 생각에서였다.

핵물리학 지식은 편지를 통해 받은 원자력 추진 홍보용 팸플릿이나 몇몇 전문가에게 편지로 가르침을 구하면서 얻어냈다. 데이비드는 이들로부터 신뢰를 얻기 위해 편지를 보낼 때 자신을 과학자나 고등학교 교사라고 속였다. 이렇게 수집한 핵물리학 지식으로 원자로를 제작하려고 한 것이다.

그가 제작하려고 한 것은 방사성 물질을 교묘하게 조합하여 연료를 자력으로 생산해내는 '증식로'였다. 증식로란 소비하는 핵연료보다 새로 생성되는 핵연료가 더 많아지는 원자로를 말한다.

참고로 폐로(閉爐)가 결정된 일본 원형로 '몬주'는 고속 증식로 방식이다. 쉽게 핵분열을 일으켜 핵연료로 직접 사용이 가능한 우라늄 235는 천연 우라늄 중에 약 0.7%밖에 존재하지 않는다. '몬주'의 주요 목적은 천연산 우라늄 238에 중성자를 흡수시켜 쉽게 핵분열이 일어나는, 즉 핵연료가 되는 플루토늄 239로 변환시키는 것이다.

데이비드도 이런 원리를 이용해 토륨 232에 우라늄 235에서 방출되는 중성자를 흡수시켜 핵연료 우라늄 232로 변환시키려고 의도했다.

원자로의 핵연료를 수집

우선 필요한 것은 토륨 232와 우라늄 235였다. 토륨 화합물은 녹는 점이 매우 높아 가열하면 한층 밝게 빛나서 캠핑용 랜턴 맨틀(섬유로 만든 작은 망 또는 심지)을 만들 때 사용되기도 한다.

데이비드는 도매상에 교체용 맨틀을 수백 장 주문해 별 어려움 없이 입수했다. 맨틀은 한때 가스 랜턴 등의 필라멘트와 유사한 소모품으로 흔히 캠핑용품으로 판매되었지만 지금은 토륨이 포함되지 않은 비(非)방사성 맨틀 상품이 판매되고 있다.

그는 맨틀을 가열해 녹여서 토륨 재(灰)를 만들었다. 그리고 1,000달러어치의 건전지를 와이어 커터로 뜯어서 리튬을 얻고 여기에 토륨 재를 섞어서 버너로 가열해 토륨을 얻어냈다. 환원력이 큰 리튬을 이용해 '산화 토륨 + 리튬 → 토륨 + 산화 리튬'의 반응을 일으킨 것이다.

중성자를 방출하는 우라늄 235를 얻는 방법으로 그는 가이거 계수기(방사선이 검출되면 소리가 나는 기기)를 이용했다. 그것을 자동차 대시보드에 부착하여 숲속을 달리면 우라늄을 찾아낼 수 있을 거라 확신한 그는 미시간주의 시골길을 자동차로 샅샅이 뒤졌다. 그러나 그가 얻는 것은 대부분 우라늄 238이었고 그것은 방사선원으로는 약해 그의 노력은 결국 허사로 끝났다.

체코공화국의 수상한 공급원으로부터 약간의 우라늄광을 입수하기도 하지만 이 역시 농축되지 않은 평범한 우라늄으로 그가 원하는 방사성이 높은 종류는 아니었다.

그는 아메리슘이 포함된 연기탐지기에서 아메리슘을 추출하여 천연 중성자 총을 만드는 데 사용했다. 알파선이 몇몇 원소에서 중성자를 떨어뜨리기 때문이다. 하지만 성공적이지는 못했다.

데이비드의 프로젝트는 주로 주말에 이루어졌다. 부모가 이혼한 뒤 주말에만 어머니와 지냈기 때문이다. 그는 자신의 안전을 위해 치과에서 사용하는 납 앞치마를 두르고 자신의 장기를 보호했다.

어느 날, 데이비드가 운전하던 차가 다른 사건으로 지역 경찰에게 정지당한 것이 계기가 되어 그의 비밀 실험이 발각되었다. 그가 만든 원자로는 납덩어리에다 구멍을 뚫어놓은 아주 단순한 것이었다. 어느 핵물리학자는 데이비드가 사용한 핵분열 물질은 필요량의 10억분의 1밖에 되지 않는다고 추정했다. 그런데 여기서 방출되는 방사선량은 일반 환경방사선의 1,000배를 훨씬 웃도는 것이었다.

안개상자를 이용한 토륨의 방사선 입자 관측 실험

데이비드가 구입한 토륨이 든 랜턴용 맨틀은 물리 시간의 방사선 실험에 이용된다.

토륨은 알파선을 방사하므로 안개상자 실험에서 알파선 광원으로 이용되어왔다. 안개상자란 방사선 입자의 궤도를 관측할 목적으로 고안된 장치인데, 1911년 영국의 과학자 찰스 윌슨(Charles Wilson, 1869~1959)이 발명했다. 그는 이 공로로 노벨물리학상을 받았다. 안개상자는 주로 알파입자(헬륨 원자핵) 또는 베타입자(전자)를 관측하는 데 사용된다. 안개상자에는 토륨이 소량만 필요하므로 가위로 잘라 사용한다.

방사선은 헬륨 원자핵의 알파선, 전자의 베타선, 전자파의 감마선과 같은 고에너지 입자이거나 전자파로, 물질 중의 원자에서 전자를 튕겨낸다. 이 현상을 전리(電離)라고 한다.

방사선은 눈으로 볼 수 없으나 안개상자를 이용하면 그 흔적을 비행기가 지나간 자리에 생기는 비행기구름처럼 볼 수 있다. 안개상자 내부는 기화한 에탄올 증기가 드라이아이스에 의해 냉각되어 과포화 상태로 있다. 과포화 상태인 에탄올 증기 안에 전리 작용이 있는 방사선이 입사되면 방사선에 의해 주변 공기가 전리되어 이온이 발생한다.

이때 발생한 이온을 핵으로 하는 작은 에탄올 액체 방울이 생성되며 눈으로 볼 수 있게 된다.

연기탐지기에서 아메리슘을

아메리슘은 원자력 발전소의 폐연료봉에 축적되는 플루토늄 241의

딸핵종(어떤 방사성 핵종이 붕괴하여 다른 핵종을 만드는 경우 생성된 핵종—옮긴이)이다. 대량 생산되므로 방사선으로 두께를 측정하는 계측기나 빌딩의 연기 감지기(방사선의 알파선으로 연기를 이온화하여 전기신호로 만들어내어 감지함) 등에 널리 쓰이고 있다.

아메리슘이 함유된 금속판 사이의 공기는 알파선으로 전리되어 이온화되므로 늘 이온 전류가 흐르고 있다. 여기에 연기가 들어가면 연기 입자에 의해 이온의 흡착과 재결합이 일어나 이에 따라 공기의 전리 상태가 약해진다. 이때 이온 전류가 감소하는데 이를 검출해내는 것이 그 원리다.

'방사능 보이스카우트'의 비참한 결말

데이비드는 해군에 입대했고 원자력 잠수함에서 일하기를 원했다. 그러나 해군에서는 데이비드의 과거 전력을 고려할 때 그를 원자로에서 일하게 할 수 없었다. 주방에 배치하여 갑판 청소를 시키는 것 외에 다른 선택지가 없었다.

'방사능 보이스카우트'의 결말은 비참했다. 군을 제대한 뒤 데이비드는 고향에 내려가 몇 년 동안 조용히 지냈다. 그러나 얼마 지나지 않아 그는 양극성 장애에 따른 망상형 조현병으로 진단되어 강제 입원 치료를 받게 된다.

2007년 경찰은 그가 거주하는 아파트에서 아메리슘 연기 감지기에다 장난을 치고 있던 그를 현장에서 체포했다. 실제로는 연기 감지기 27개를 훔치고 있었다고 한다.

데이비드의 전과를 생각하면 이는 중대한 범죄였다. 2007년 언론에 유출된 그의 얼굴 사진은 울긋불긋한 종기로 가득했다. 샘 킨은 이 붉은 종기를 방사성 물질에 의한 피폭의 결과로 추측했다.

"급성 여드름을 하나도 빠짐없이 피가 날 때까지 긁은 것 같다. 하지만 31세 남자에게 여드름은 흔하지 않으므로 아마 그는 계속 핵실험을 하면서 또다시 자신의 사춘기를 살고 있었을 거라 결론지을 수밖에 없다."

데이비드는 결국 절도죄로 90일간 징역을 선고받는다. 그 후 2016년 39세라는 나이로 짧은 생을 마감했다.

5장

지구 종말의 시작,
과연 지구의 미래는?

질소

지구 환경 문제의 주범
'질소 오염'이란?

사상 최악의 어업 피해를 초래한 적조 현상

2021년 9월 중순부터 홋카이도 동쪽의 태평양 연안에서 적조(赤潮)가 계속 발생되었다. 이로 인해 넓은 해역에서 성게와 연어가 폐사하여 대규모 어업 피해가 발생했다.

평소의 9월과 달리 해면에서 황색 또는 갈색빛이 도는 이상 변화가 감지되자 이를 수상히 여긴 연구원이 해수를 채취해 현미경으로 조사했다. 그 결과 현미경에서 플랑크톤 '카레니아 셀리포르미스(Karenia selliformis)'가 관찰되었다. 일본에서는 처음으로 발견된 플랑크톤이었다. 추위에 강한 특징을 가진 플랑크톤으로 러시아에서 남하해온 것이었다.

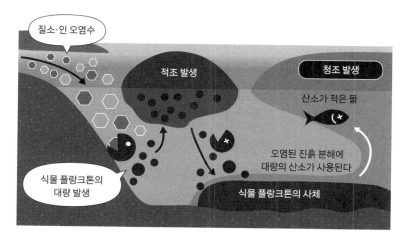

◆ 적조와 청조

적조는 바다, 호수 같은 수역에서 질소, 인 등의 영양염류가 증가하는 '부영양화(eutrophication)'에 따라 플랑크톤이 대량 발생하면서 일어난다.

적조는 식물 플랑크톤이 대량 발생할 때 해수가 붉은빛을 띠는 경우가 많아 붙여진 이름이지만 꼭 붉은색만 띠는 것은 아니다. 적조가 발생하면 대량의 식물 플랑크톤이 죽고 그 시체가 분해되는 과정에서 많은 산소가 소비된다. 이때 수중의 용존 산소가 부족해지면서 어패류가 폐사하는 것이다.

증식된 플랑크톤 중에는 강한 독성을 지닌 것들이 있다. 홋카이도에서 발생한 적조 상태의 바다에서 연어가 떼죽음을 당한 것은 아가미에 붙은 '카레니아 셀리포르미스'의 독소 때문으로 추정된다. 성게나 문어 등의 저생생물(해양이나 호수, 늪, 하천 등의 물 밑에서 생식하는 동물―옮긴이)의 대량 사망도 이 독소가 원인으로 보인다.

참고로 적조와 비슷한 말로 청조(靑潮)가 있다. 청조는 바다로 유입된 오염이 해저에서 진흙 상태로 축적되면서 산소가 아예 없거나 있더라도 극히 줄어든 해수가 해면 근처로 떠오르는 현상이다. 이 때문에 어패류는 대부분 죽어버린다.

부영양화가 진행될 때 가장 중요 역할을 하는 영양염류는 질소와 인이다. 질소와 인은 식물의 3대 비료인 질소·인·칼륨 중 두 성분이다. 일반적으로 수중에는 식물이나 식물 플랑크톤(조류)에게 필요한 질소나 인이 적기 때문에 식물과 식물 플랑크톤의 생산 활동이 크게 제한된다. 그러나 수중에 질소와 인의 양이 증가하면 식물과 식물 플랑크톤의 생산 활동이 촉진된다.

'카레니아 셀리포르미스'는 편모를 가지고 있어서 이동 능력이 있다. 낮에는 해가 비추는 해면 근처로 떠올라 광합성을 하면서 스스로 성장하거나 에너지원이 되는 양분을 만들고, 밤이 되면 질소와 인 등의 영양염류가 풍부한 하층으로 내려간다. 이런 식으로 점차 증식해나간다.

수중의 질소와 인은 주로 생활 폐수, 농축산 폐수, 공장 폐수 등에서 기인하는데 자연 유래나 대기오염에 의한 것도 있다.

남세균이 생산해내는 간독성 물질 마이크로시스틴

세계의 내륙 수역인 호소(湖沼), 즉 호수와 늪, 습지 등에서 식물 플랑크톤인 남조류 또는 남세균(시아노박테리아)의 대량 증식 현상(녹조)이 발생하고 있다.

일본에서는 여름이 되면 각 지역의 호수와 수문을 폐쇄하여 만든 만에서도 녹조(綠潮)가 발생해 문제가 되고 있다. 녹조는 호소가 부영양화될 때 대량 발생한다. 녹조에는 강한 간독성(간세포를 파괴하는 독성)을 나타내는 마이크로시스틴(microcystin) 성분이 들어 있다. 마이크로시스틴은 복어 독에 필적할 만큼 맹독이다. 간혹 이 독소는 녹조가 발생한 원수를 처리한 수돗물이나 녹조를 먹은 물고기와 조개에 함유되어 있을 수 있다.

또 수돗물의 원수를 만들 때 여과가 잘 안 되거나 수돗물에서 곰팡내가 나는 등의 문제를 일으킨다. 마이크로시스틴이 함유된 물은 급성으로는 간 장애, 만성적으로는 간암을 유발하는 등의 영향을 미친다. 외국에서는 과거에 녹조 독에 의한 사망사고가 발생하기도 했다. 가축, 야생동물, 어패류 폐사를 일으키는 등 축산업과 수산업 분야에서도 심각한 문제가 되고 있다.

마이크로시스틴 중독 증상은 1989년 영국에서 보트 훈련 도중 젊은 병사가 연못에 빠져 녹조 물을 마시는 사고가 발생하면서 세상에 알려지게 되었다. 발열, 권태감, 구토, 설사, 입술 주위 수포를 비롯해 흉부 X-선 촬영에서는 폐렴과 유사한 증상, 폐동맥 경화와 혈소판의 현저한 감소가 관찰되었다. 이는 실험용 쥐에 강한 독성을 나타내는 마이크로시스틴을 투여했을 때 나타나는 증상과 같다. 아직 마이크로시스틴에 의한 인명 피해 사례는 보고되지 않았으나 마이크로시스틴을 함유한 유독한 녹조의 감시 시스템 및 효과적인 대책이 필요한 시점이다.

하버-보슈 암모니아 합성법으로 질소 비료 급증

1840년 독일의 화학자 리비히는 농사를 지을 때 농작물이 토양에 있는 영양분을 흡수해 땅이 척박해지므로 부족한 영양분을 보충하기 위해 토양에 비료를 뿌리는 것이 좋다는 설을 발표했다. 당시의 저명한 유기화학자였던 리비히가 주장한 이 설은 인구 증가와 식량 부족의 가능성을 우려하던 유럽에서 열렬히 환영받았다.

당시에는 이미 비료로서 질소·인·칼륨 등이 알려져 있었다. 질소는 농작물을 경작할 때 농작물 성장에 필요한 무기양분 중 없어서는 안 되는 요소지만, 가장 부족하기 쉽다. 질소 비료로는 당시에 가축 분뇨가 주로 사용되었다. 도시인구의 급격한 증가를 떠받치려면 방대한 식량이 필요한데 가축 분뇨로 질소 비료를 충당하기에는 그 양에 한계가 있었다.

19세기에 들어서자 남미 페루에서 바닷새의 배설물 퇴적물인 구아노(guano)가 대거 발견되었다. 1820년 이후 구아노는 유럽에 수입되면서 농산물이 비약적으로 증산되었다. 또 칠레에서 칠레초석(질산 나트륨)이 발견되어 1830년 이후 수입이 활발하게 이루어졌다. 그러나 천연 질소 비료인 구아노와 칠레초석 모두 마구잡이로 채굴되어 고갈되는 것은 시간문제였다.

이때 과학자들은 공기 중의 질소를 질소 비료로 사용할 수 없을까 생각하기 시작했다. 1908년 노르웨이의 크리스티안 비르켈란(Kristian Birkeland, 1867~1917)과 사무엘 아이데(Samuel Eyde, 1866~1940)가 전기불꽃을 이용해 공업적 규모로 공기 중 질소와 산소로부터 질소 산화물을 만들어내는 데 성공했다. 자연에서의 번개 작용을 재현해낸 것이다.

또 독일에서는 프리츠 하버(Fritz Haber, 1868~1934)와 카를 보슈(Carl Bosch, 1874~1940)가 공기 중의 질소와 수소를 이용하여 암모니아를 합성하는 방법을 확립해 1913년 공업화가 시작되었다. 이를 하버-보슈 암모니아 합성법이라 하는데, 이를 통해 암모니아를 황산과 반응시켜 황산 암모늄, 즉 황안(黃安)이라는 질소 비료를 생산해낼 수 있게 되었다.

단, '암모니아는 평시에는 비료를, 전시에는 화약을 만드는 데 쓴다'는 원칙에 따라 질소 비료를 만들려는 보슈의 염원은 제1차 세계대전이 끝날 때까지 잠시 보류되었다.

그즈음 일본에서는 전쟁으로 황안의 수입이 중단되자 자력으로 암모니아를 합성해내야만 했다. 1918년 도쿄 메구로에 암모니아 연구소(훗날 도쿄공업시험소 제6부)가 세워졌고 청년 기술자 요코야마 다케이치(横山武一)와 나카무라 겐지로(中村健次郎)가 그 임무를 맡았다. 이들은 교토대학에 딱 하나 비치되어 있던 하버의 논문에 푹 빠져 있었다.

200기압이라는 고압이 난제였다. 1920년 요코야마는 독일을 방문했으나 암모니아 합성공장 견학은 허락되지 않았다. 그러나 드디어 1930년 가와사키에 황안 공장(훗날의 쇼와전공)이 건설되기 시작했다. 이듬해 3월 1일, 암모니아 합성 장치가 완성되었고 4월 3일에 드디어 황안이 생산되었다.

이후 전 세계 질소 비료의 생산량과 소비량은 급증했고 세계 인구의 증가를 떠받쳤다. 생태계의 부영양화 배경에는 이 같은 역사가 숨어 있다.

생명체를 구성하는 가장 중요한 물질, 단백질에는 질소가 필수

인체는 대략 약 37조 개의 세포로 구성되어 있다. 생명을 유지하기 위해서는 37조 개의 세포 하나하나가 외부로부터 공급받은 영양분과 산소를 사용하여 생명 활동에 필요한 에너지를 만들어낸다. 호흡의 에너지원이 되거나 몸을 구성하는 물질이 되는 영양소는 주로 탄수화물(당질)·단백질·지방이다.

◆ 단백질과 아미노산

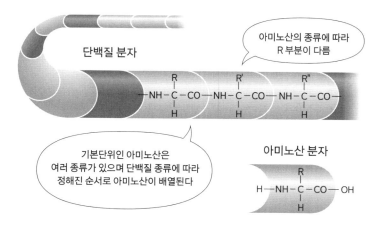

탄수화물·단백질·지방을 3대 영양소라고 한다. 이 밖에 비타민이나 미네랄도 필요하다.

우리 몸을 구성하는 영양소 중에는 단백질이 가장 중요하다. 머리카락, 피부, 내장과 근육 등의 연부조직은 모두 단백질로 구성된다. 또 체내의 다양한 화학반응 촉진 작용을 하는 효소도 단백질로 되어 있다.

단백질은 아미노산이 여러 개 연결되어 만들어진 매우 커다란 분자(고분자)다. 겨우 20종류의 아미노산이 길게 쇠사슬 모양으로 연결되어 3대 영양소 중 하나인 단백질을 구성한다. 또 유전자의 본체인 DNA에도 질소가 함유되어 있다.

단백질은 체내에서 소화되어 아미노산이 된다. 단백질의 구성 성분인 아미노산의 특징은 구성 원소로서 탄소, 수소, 산소 외에 반드시 질소를 포함하고 있다는 점이다.

인체 외에도 동물·식물·균류·세균류 등 세포로 구성된 모든 생물에게도 똑같이 질소를 함유한 단백질이 가장 중요한 물질이라는 사실에는 변함이 없다.

질소가 없으면 단백질은 존재할 수 없고, 단백질이 없으면 생명도 존재할 수 없다.

공기 중에 포함된 질소를 사용하려면?

공기 중에는 여러 가지 기체가 존재한다. 수증기가 없는 건조한 공기에는 부피로 측정했을 때 질소가 약 78%, 산소가 약 21%로 이 두 기체가 대부분을 차지한다. 나머지는 아르곤이 약 1%, 이산화탄소는 0.04% 정도다.

질소 분자는 질소 원자 2개가 삼중결합으로 하나의 분자를 이루고 있다. 이 결합은 매우 안정적이어서 지구상에서 가장 안정한 분자 중 하나로 알려져 있다. 일반적으로 자연계에서 이 결합이 깨지는 것은 번개의 직격으로나 가능하다. 그래서 공기 중의 질소와 산소는 거의 결합하는 일 없이 존재해왔다.

이처럼 공기 중의 질소는 질소 분자가 너무나 안정적이어서 생물은 이를 그대로 이용할 수 없다. 단백질은 탄소·수소·산소·질

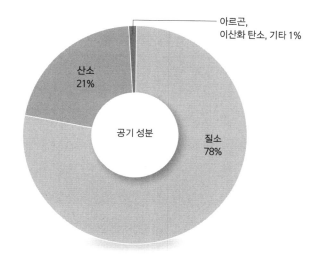

◆ 건조한 상태에서 공기의 성분(부피 %)

아르곤,
이산화 탄소, 기타 1%

산소
21%

공기 성분

질소
78%

소로 구성되어 있다. 탄소·수소·산소는 광합성 원료로 흡수되는 이산화 탄소와 물에서 얻는다.

생물체를 구성하는 질소는 식물이 암모늄 이온이나 질산 이온 형태로 뿌리에서 흡수해 아미노산이나 단백질을 만들어낸다. 이를 질소동화라고 한다.

콩과 식물의 뿌리에 공생하는 세균인 뿌리혹박테리아는 니트로게나제(nitrogenase)라는 질소고정 효소를 가지고 있다. 이 세균은 공기 중의 질소를 암모니아로 바꾸어 체내로 흡수한다. 이 밖에 질소고정 미생물로는 방사균, 세균, 남조식물(blue-green algae) 등이 있다.

초식동물은 식물을 섭취하여 단백질을 얻는다. 육식동물은 초식동물을 섭취하여 단백질을 얻는다. 예를 들어, 사람이 돼지고기를 먹고 돼지고기의 단백질을 소화해서 아미노산의 형태로 체내에 흡수하고 이를 원료로 체내 각 조직의 단백질을 만든다. 돼지고기를 먹더라도 인체의 단백질이 되므로 사람이 돼지가 되는 일은 없다.

생물의 배설물이나 사체는 미생물에 의해 암모니아로 분해된다. 암모니아는 공기 중의 산소와 반응하여 아질산이 된다. 아질산 이온은 산소와 결합하여 질산 이온이 된다. 이렇게 하여 질소는 자연계 안에서 계속 순환한다.

질소 산화물의 증가와 대기 오염

공기 중에 얌전하게 존재하던 질소는 고온이 되면 산소와 결합하여 질소 산화물이 된다. 질소 산화물을 통틀어서 NOx(녹스)라고 한다. NOx는 황 산화물 SOx(속스)와 함께 산성비와 대기오염의 원인물질이다.

질소에는 산화물의 종류가 많은데 산화물로서 쉽게 얻을 수 있는 것은 일산화 질소와 이산화 질소다. 고등학교 화학 시간에 시험관에 구리조각과 묽은 질산을 넣어 조금 가열하면 처음에는 무색의 일산화 질소가 발생하는 것, 일산화 질소를 집기병에 모아서 뚜껑을 닫았다가 뚜껑을 열면 곧바로 적갈색의 이산화 질소가 되는 것,

◆생태계에서의 질소 순환

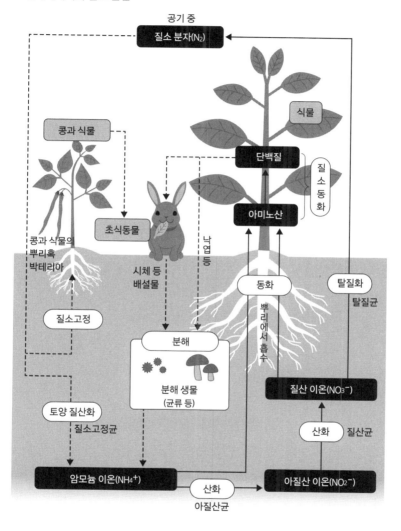

공기 중
질소 분자(N_2)

콩과 식물

식물

단백질

질
소
동
화

아미노산

초식동물

콩과 식물의
뿌리혹
박테리아

낙엽 등

동화

탈질화
탈질균

시체 등
배설물

질소고정

뿌리에서 흡수

분해

분해 생물
(균류 등)

질산 이온(NO_3^-)

토양 질산화
질소고정균

산화
질산균

암모늄 이온(NH_4^+)

산화
아질산균

아질산 이온(NO_2^-)

시험관에 구리조각과 짙은 질산을 넣으면 적색의 이산화 질소가 발생하는 것 등을 실험한다.

이 장에서는 아산화 질소(일산화 이질소)에 대해서도 다룬다. 아산화 질소는 마취성이 있어 안면 신경근육을 마비시켜 마치 웃는 듯한 표정을 만들기 때문에 '웃음 가스'라고도 불린다(《무섭지만 재밌어서 밤새 읽는 화학 이야기》 '웃음 가스 일산화 이질소의 웃을 수 없는 사태', 159~166쪽 참조). 일산화 질소는 무색이며 물에 잘 녹지 않는 기체로 공기 중에서 빠르게 산화되어 이산화 질소가 된다. 이산화 질소는 적갈색으로 물에 잘 녹는 기체(물에 녹아서 질산을 만든다)로 특유의 냄새가 있고 매우 유독하다.

아산화 질소는 이산화 탄소의 약 300배나 되는 온실효과 가스이며 오존층을 파괴하는 강력한 기체이기도 하다. 아산화 질소는 토양이나 바닷속에 존재하는 미생물의 호흡으로 만들어진다. 아산화 질소를 방출하는 미생물은 산소가 아닌 질산 이온 등을 이용해 살아가는 데 필요한 에너지를 얻는다.

인류가 질소 비료를 사용하기 시작하면서 아산화 질소의 배출량은 해마다 증가하고 있다.

지구환경에 대한 질소 과잉 현상 우려

이러한 질소 순환 가운데 질소 비료는 전 세계의 식품 생산에 크게

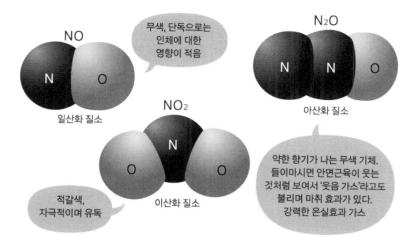

공헌하고 있으나 그 이면에서는 해역과 호수의 부영양화를 일으켜 기후변화(지구 온난화)와 오존층 파괴의 한 원인이 되고 있다. 또 자동차는 인류에게 편리함을 제공하는 반면 '달리는 대기오염원'으로 대기 중의 질소 산화물을 증가시킨다.

과잉으로 축적된 질소가 인간과 생물 다양성에 중대한 영향을 끼칠 위험성에 대한 대책을 마련할 필요가 있다. 이는 21세기 지구 환경 문제를 해결하기 위해 피할 수 없는 문제다.

이리듐

고농도의 이리듐 검출로
증명된 지구의 운석 충돌설

20세기 이후에 등장한 운석 충돌설

이리듐이 무서운 원소는 아니지만 이와 관련된 '지구와 천체의 충돌 이야기'는 좀 섬뜩하지 않은가?

지구로 가까이 접근하는 지구 근방 소행성은 매우 많으며 지금까지 약 4,000개 정도가 발견되었다. 이들은 모두 잠재적으로 지구와 충돌할 가능성을 가지고 있다. 천체가 지구에 돌입하는 속도는 초속 20km를 넘는 것도 있어서 작은 천체라도 도시에 떨어지면 막대한 피해를 초래할 수 있다.

소행성 등의 지구 충돌 가능성은 20세기 이후가 되어서야 알려지기 시작했다. 1900년대 초기 미국지질조사국의 그로브 길버트

(Grove Gilvert, 1843~1918)는 호텔의 한 방에서 오트밀이 든 납작한 냄비에 유리구슬을 던져 운석 충돌의 모의실험을 하던 중에 달의 크레이터는 운석 충돌로 만들어졌다고 결론 내렸다. 그의 생각은 매우 이례적이었다. 당시 많은 과학자들은 달의 크레이터조차 고대 화산의 흔적이라 생각했다.

그러나 지질학자 유진 슈메이커(Eugene Shoemaker, 1928~1997)의 생각은 달랐다. '지구의 크레이터에 화산활동을 암시하는 흔적은 전혀 없다. 변칙적이고 미세한 규석과 자철광이 대량 존재하는 것은 운석 충돌을 시사하는 것'이라고 생각했다.

슈메이커는 1969년 캘리포니아 공과대학 교수로 임명되자 그의 동료들과 아내 캐롤라인과 함께 태양계 내의 소행성 등을 미국 캘리포니아주 팔로마 천문대에서 조직적으로 탐색했다. 그 결과 수많은 소행성과 혜성을 발견해냈다.

지층에서 높은 농도의 이리듐 검출

슈메이커가 소행성을 발견해 지구와의 충돌 가능성에 대한 경종을 울리고 있을 때 컬럼비아대학교 연구소의 젊은 지질학자 월터 앨버레즈(Walter Alvarez, 1940~)는 이탈리아에서 규조류(diatom, 해양성 독립영양 원생생물의 일종. 세포벽이 규산염으로 이루어져서 산에 의한 분해가 일어나지 않는다―옮긴이)의 지질조사에 참여하고 있었다. 이

◆ 지질연대

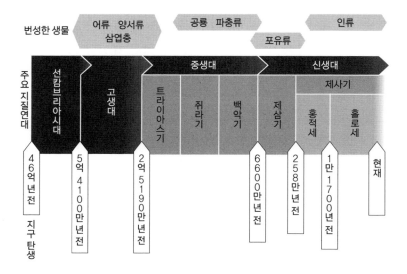

번성한 생물		어류 양서류 삼엽충			공룡 파충류			인류
						포유류		

주요 지질연대	선캄브리아시대	고생대	중생대			신생대		
			트라이아스기	쥐라기	백악기	제삼기	제사기	
							홍적세	홀로세
46억년전 지구 탄생	5억4100만년전	2억5190만년전			6600만년전	2580만년전	1만1700년전	현재

때 앨버레즈는 백악기(白堊紀)와 제3기 지층의 경계(K·T 경계, K는
백악기, T는 제3기를 의미함)에서 발견된 붉은색을 띤 석회암 점토층
에 호기심을 가졌다. 두께가 5mm 정도 되는 얇은 막으로 이루어진
층으로 약 6,600만 년 전의 것이었다. 백악기의 지층과 제3기의 지
층에서는 대량의 규조류가 발견되는데 그 지층들 사이의 점토층에
서는 거의 발견되지 않았다. 즉 그 지층들 사이에 무생물이었던 시
대가 있었다는 뜻이다. 세상의 거의 절반에 가까운 종의 동물과 공
룡이 화석 기록에서 사라진 시대와 거의 일치했다.

그에게는 든든한 지원군이 있었다. 그의 아버지 루이스 월터 앨
버레즈(Luis Walter Alvarez, 1911~1988)였다. 저명한 원자물리학자

인 루이스는 아들이 품었던 의문에 대한 해답을 우주먼지에서 찾을 수 있지 않을까 생각했다. 우주먼지에는 지구에서 잘 발견되지 않는 외래 원소가 발견되는데 특히 이리듐은 우주 공간에 풍부하게 존재하여 그 농도가 지각의 1,000배에 이른다. 루이스는 캘리포니아주 로런스버클리국립연구소의 동료 프랭크 아사로(Frank Asaro, 1927~2014)가 중성자 활성 분석(Neutron Activation Analysis) 기술을 개발하고 있다는 것을 알고 있었다.

앨버레즈 부자는 아사로를 찾아가 이리듐 분석을 의뢰했다. 아사로는 1978년 6월 21일 시료를 검출기에 투입했다. 그 결과 이리듐이 정상 수준의 300배 이상 포함되어 있었다. 이후 아사로 연구팀은 덴마크·스페인·프랑스·뉴질랜드·남극을 조사했는데 세계 곳곳의 여러 K·T 경계에서 이리듐이 비정상적으로 높은 수치를 나타냈다. 때로는 정상 수준의 500배까지 달했다. 운석 충돌설의 증거를 발견한 것이다.

그러나 몇백만 년에 걸쳐 공룡이 멸종했다는 그 당시 통설에 맞서 운석과 지구의 충돌에 의한 천재지변이 공룡 멸종의 원인이라는 주장은 좀처럼 쉽게 받아들여지지 않았다.

슈메이커-레비 9 혜성과 목성의 충돌

'운석이 충돌하면 무슨 일이 일어나는가?'라는 질문에 대해 자연현상으로 설명할 기회가 찾아왔다.

슈메이커 부부와 데이비드 레비(David H. Levy, 1948~)는 그들이 발견한 슈메이커-레비 9 혜성이 목성을 향해 가고 있다는 사실을 알아냈다. 인류는 최신 기기인 허블 우주망원경 덕분에 처음으로 천체의 충돌을 목격하게 된 것이다.

혜성과 목성의 충돌은 1994년 7월 16일부터 일주일 동안 이어졌다. 혜성은 일렬로 배열된 21개의 파편으로 파괴되었으나 G 핵이라 불리는 파편 중 하나는 약 600만 Mt(메가톤, 100만t)의 폭발력으로 목성과 충돌했다. 지구에 현존하는 모든 핵무기 총합의 75배에 달하는 파괴력이었다. 목성의 중력은 혜성의 핵을 분쇄했다. 그 먼지가 목성의 소용돌이치는 대기 안으로 돌진한 영역은 온도가 4만℃까지 상승하여 주변 물질을 고도 3,000km의 우주 공간으로 날려버렸다.

이 충돌은 앨버레즈설을 부인하는 사람들에게 쐐기를 박는 증거가 되었다.

추측건대, K·T 경계 시대에 일어난 충돌은 수백 미터 높이에 이르는 해일과 산불 등을 초래하고 지표는 불지옥으로 변했을 것이다. 삼림 화재는 2년 정도 지나자 진화되었겠지만, 매우 작은 먼지는 몇 년 동안 상공에 축적되어 태양 광선을 차단했고 한랭화를 일으키면서 기온은 단번에 수십 도씩 떨어졌을 것이다.

식물은 말라 죽어갔고 충돌 순간에는 살아남았던 공룡도 결국 멸종하고 말았을 것이다. 먹이를 잃은 초식공룡이 먼저 죽자 육식공룡도 살아남지 못했으리라는 것이다.

운석의 충돌 현장이 발견되다!

매년 6월이 되면 미국 아이오와주 맨슨(Manson)에서는 일주일 동안 '크레이터 데이즈'라는 행사가 열린다. 1912년 마을의 급수용 우물을 파던 남자가 비정상적으로 변형된 암석들을 다수 발견했다고 보고했다. 1953년 아이오와대학 조사단은 시험적 채굴을 몇 번이나 반복한 끝에 암석 변형은 고대 화산활동에 의한 것이라고 결론지었다.

1980년대 중반에는 연구를 통해 맨슨 크레이터에 정통했던 슈메이커와 아이오와대학에서 교편을 잡고 있던 그의 딸 덕분에 맨슨과 그 크레이터에 세상의 관심이 집중되었다.

미국 아이오와주 맨슨 지역의 신비로운 지하 구조는 먼 옛날 지름 2.5km, 무게 100억t 정도에 달하는 커다란 암석이 음속의 약 200배 속도로 대기권을 돌파해 충돌하면서 생긴 것이었다. 얕은 해안가에 있던 맨슨은 한순간에 깊이 5km, 지름 30km 이상의 구멍 안으로 들어갔다. 그 후 빙하 표석 점토(빙하에 의하여 밀려 내려왔다가 빙하가 녹으면서 그대로 남게 된 점토나 자갈—옮긴이)로 덮이면서 평탄한 지형이 되었다.

그러나 정밀 조사 결과 맨슨 크레이터는 공룡 멸종의 현장치고는 그 규모가 너무 작고 900만 년 전에 형성되었다는 사실이 밝혀지면서 생물 대량 멸종과의 관련설은 사라졌다. 이후 조사는 다른 장소로 옮겨 실시되었다.

1990년 조사원 중 한 명이었던 애리조나대학교 대학원생 앨런 러셀 힐데브랜드(Alan R. Hildebrand)는 우연한 기회에 미국 일간지 〈휴스턴 크로니클〉 기자인 카를로스 바이어스(Carlos Byars)와 만나게 되었다.

마침 바이어스는 멕시코 유카탄반도(멕시코 남동부에 있는 중미 반도. 멕시코만과 카리브해를 나눔—옮긴이) 북부에 '화산 중앙부로 보이는 환상(環狀)구조'가 존재한다는 사실을 알고 있었다. 이곳은 멕시코 석유개발공단이 유전 탐사를 위한 정밀 조사를 실시하던 곳으로 공단의 지질학자들은 당시 지식에 따라 고리 모양의 환상구조는 화산작용에 의한 것으로 결론 내린 상태였다.

힐데브랜드는 보관되어 있던 시추 중심부 샘플을 조사하거나 그 현장을 직접 방문한 끝에 드디어 찾고 있던 크레이터를 발견했다고 판단했다. 1991년, 힐데브랜드 연구팀은 유카탄반도의 칙슬루브 크레이터(Chicxulub crater)가 백악기 말에 낙하한 운석의 흔적이라는 사실을 발표했다.

지구를 위협하는 근지구천체들

크기가 소행성만큼 크지는 않더라도 운석 낙하는 그 자체만으로 막대한 피해를 초래한다.

1908년 6월 30일, 지름 50~100m로 추정되는 돌 혹은 탄소질 소행성이 지구로 접근하여 시베리아 퉁구스카(Tunguska)에서 폭발했다. 다행히 주변에 마을이 없어 사상자는 발생하지 않았다. 지표에서 훨씬 떨어진 대기권 상공에서 폭발했기 때문에 화구와 폭풍은 발생했으나 충돌 크레이터는 생성되지 않았다. 그러나 도쿄 또는 서울과 같은 도시의 3배 가까운 면적의 나무들이 쓰러졌다. 폭격 중심지 부근에서 이리듐이 검출되어 우주에서 날아온 운석과의 충돌이 정설로 받아들여지고 있다.

지구 표면에는 운석과 소행성 낙하가 원인으로 추정되는 크레이터들이 지금도 많이 남아 있다. 브레드포트 돔(Vredefort dome, 남아프리카공화국), 서드베리 분지(Sudbury Basin, 캐나다), 아크라만 크레이터(Acraman crater, 호주), 우들리 크레이터(Woodleigh crater, 호주), 매니쿼건 크레이터(Manicouagan crater, 캐나다), 칙슬루브 크레이터(멕시코) 등이다.

이들은 지름 수십 킬로미터 이상의 대형 크레이터로 소규모는 대기나 비의 침식으로 인해 그 형태가 사라졌다. 지구와의 충돌이 우려되는 천체는 '근지구천체'라 불리며 각국의 천문대에서 감시하고 있다.

예를 들어 2019년 7월 25일, 지름 약 130m의 소행성이 지구에서 7만 2,000km 정도 떨어진 거리를 통과했다. 이를 알아챈 것은 통과하기 바로 전날이었다. 천체 크기는 작았으나 충돌할 경우 그 위력은 한 도시를 파괴할 만한 수준이었다. 그 천체와의 거리는 지구와 달 사이의 5분의 1 이하로 우주 수준에서는 상당히 아슬아슬한 거리였다.

이처럼 지구 가까이까지 접근하는 천체는 적지 않다. 그런데 지름 100m의 크기 정도면 지구로 꽤 접근해야만 보이는 경우가 있다고 한다.

과거엔 지구와 천체의 충돌 이야기는 영화나 공상과학소설 속에서나 일어나는 이벤트로 여겨졌다. 슈메이커-레비 9 혜성 충돌은 천체 충돌이 현실 세계에서 위협으로 인식되는 순간이었다.

고농도의 이리듐 검출은 지구로의 천체 충돌이 공룡 멸종의 원인으로 작용했을지도 모른다는 가설에 대한 강력한 근거가 되었다.

앞으로도 지구로 접근하는 천체와 충돌할 가능성은 얼마든지 있다.

우라늄 플루토늄

핵전쟁과 환경파괴로
멸망을 향해 가는 지구

'인류 멸망 100초 전'과 '지구 종말 시계'의 충격적 선언

1947년 이후 핵개발과 핵전쟁, 환경파괴 등에 대한 경고를 목적으로 미국 과학지 〈원자력 과학자 회보(Bulletin of the Atomic Scientists)〉에서는 매년 '지구 종말 시계(Doomsday Clock)'를 발표하고 있다.

'지구 종말 시계'란 핵전쟁의 위험성을 경고하려는 목적으로 맨해튼 프로젝트(제2차 세계대전 중에 미국이 주도하고 영국과 캐나다가 공동으로 참여했던 핵폭탄 개발 프로그램―옮긴이)에서 첫 원자폭탄 개발에 참여한 미국 과학자들이 고안해냈다. 즉, 핵전쟁으로 인류가 멸망하게 될 때까지의 시간을 상징적으로 나타낸 시계다.

인류 멸망을 '오전 0시'로 산정하고 그때까지 남은 시간을 가리

2022년 지구 종말 시계가 보여주는 남은 시간 '100초 전'

킨다. 오후 11시 45분부터 오전 0시까지의 시계 부분을 잘라낸 그림으로 표현되며 핵전쟁 위기가 높아지면 바늘이 앞으로 움직이고 낮아지면 제자리로 돌아온다.

가장 종말과 멀어졌던 때는 냉전 종결로부터 2년 뒤였던 소비에트 연방이 붕괴한 1991년으로, 당시는 '17분 전'이었다.

그리고 종말까지 남은 시간이 가장 짧았던 때는 2020년 이래의 '100초 전'이다. 2020년인 이유는 이란의 핵협상 파기와 북한의 핵무기 개발, 미국·중국·러시아 등에서 핵확산이 계속되는 등 핵무기의 위협이 높아지고 있는 점과 전 세계적으로 기후변화에 대한 대책 마련이 미흡한 점 때문이다.

2021년에는 코로나19 팬데믹, 핵전쟁, 기후변화의 위협이 이유

◆ 원자 구조

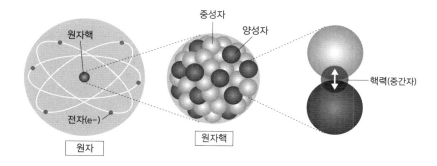

가 되었고 2022년에는 미국-러시아, 미국-중국 간 긴장 고조에 의한 핵무기 현대화 등이 이유로 제기되었다.

원자의 감추어진 비밀 핵분열의 발견

1932년 중성자(neutron)가 발견되었다. 이로써 원자의 중심인 원자핵(nucleus)은 양성자(proton)와 중성자로 구성된다는 사실이 밝혀졌다.

원자핵의 양성자와 중성자는 핵력(nuclear force)이라 불리는 힘으로 매우 강하게 결합되어 있다. 이 핵력의 성질을 밝혀낸 과학자가 노벨 물리학상을 수상한 유카와 히데키(湯川秀樹, 1907~1981)다. 유카와는 '중간자(meson, 유카와 중간자)가 양성자와 중성자를 붙게

하는 풀 같은 작용을 한다'는 이론을 주장했다.

중성자는 전기를 띠지 않으므로 양전하를 띤 원자핵에 전혀 반발 없이 충돌시킬 수 있다. 그래서 중성자를 원자핵에 충돌시킬 때 일어나는 핵반응을 조사하는 연구가 활발하게 이루어지기 시작했다.

그중에서도 특히 이탈리아의 엔리코 페르미(Enrico Fermi, 1901~1954) 연구팀이 가장 열성적으로 연구를 수행했다.

페르미 연구팀은 속도가 빠른 중성자보다, 중성자를 가벼운 원자핵에 여러 번 충돌시켜 얻어지는 느린 중성자(열운동과 비슷한 정도라서 열중성자라고 함)가 1,000배나 원자핵과 충돌하기 쉽다는 사실을 발견했다.

이에 따라 페르미 연구팀은 주기율표상에 있는 모든 원소의 원자핵 하나하나를 표적으로 삼아 닥치는 대로 중성자와 충돌시켜 그 결과 일어나는 핵반응을 차례로 논문에 발표했다. 그중에 우라늄도 있었는데 핵분열이 일어났는지는 전혀 알아채지 못했다. 이들 우라늄에 중성자를 부딪치면 원자번호 93 이상의 원소가 만들어질 것으로 예상했다.

1938년 독일의 오토 한(Otto Hahn, 1879~1968)과 그의 제자 프리츠 슈트라스만(Fritz Strassmann, 1902~1980)은 페르미 연구팀의 우라늄에 대한 중성자 충돌실험의 추가 시험을 실시해 초우라늄 원소(원자번호가 우라늄의 원자번호인 92보다 큰 원소들―옮긴이)와 함께 원자번호 56인 바륨이 만들어진다는 것을 알아냈다. 그러나 너무

◆ 핵분열

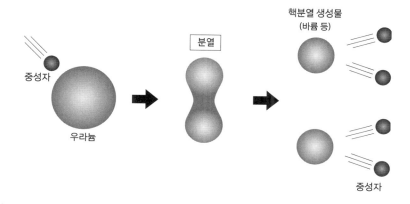

나 예상 밖의 결과여서 발표를 주저했다. 그들 또한 페르미 연구팀과 마찬가지로 핵분열이 일어난 것을 알아채지 못했다.

원자에 감추어진 핵분열이라는 비밀을 밝히는 데 핵심적 역할을 해낸 과학자는 오스트리아 태생의 젊은 유대인 여성 과학자 리제 마이트너(Lise Meitner, 1878~1966)였다.

마이트너는 오토 한의 공동연구자로 카이저 빌헬름(Kaiser Wilhelm) 연구소 연구원을 거쳐 베를린대학교 교수가 되었다. 오토 한은 나치의 오스트리아 합병에 따라 유대인의 시민권을 박탈당해 스웨덴으로 피신해 있던 마이트너에게 바륨 발견에 대한 해석을 부탁했다.

마이트너는 코펜하겐에 있는 조카이자 물리학자였던 오토 로베르트 프리슈(Otto Robert Frisch, 1904~1979)에게 편지를 보내 자신

리제 마이트너가 핵분열을 규명했으나 노벨 화학상은 공동연구자였던 오토 한에게만 수여되었다.

을 방문해줄 것을 부탁했다.

두 사람은 눈 속을 산책하면서 토론했다. 그리고 토론 끝에 마이트너는 "이 현상은 핵이 분열한 것"이라 결론지었고 핵분열 현상을 해석해냈다. 그러나 1945년 핵분열 발견에 대한 노벨상은 오토 한에게만 수여되었고 안타깝게도 마이트너는 그 공적에서 제외되었다.

참고로 그 일이 있기 전인 1942년 마이트너는 미국의 원자폭탄 개발 프로젝트인 맨해튼 프로젝트에 참가해줄 것을 제안받았지만, "난 폭탄 따위에는 관심이 없다"며 제안을 거부했다고 한다.

조카 프리슈가 작성한 그녀의 묘비에는 '인간성을 잃지 않은 물리학자'라는 문구가 새겨져 있다. 사후 그녀에게는 노벨상보다 더

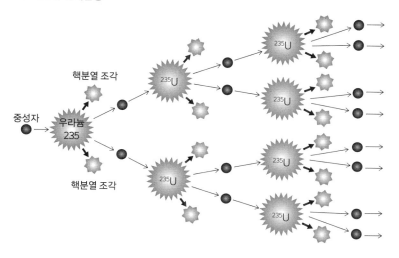

값진 명예가 부여되었다. 그녀의 업적을 기리며 109번 원소명이 그녀 이름에서 따온 마이트너륨(meitnerium)으로 명명된 것이다.

핵분열 연쇄반응은 원자폭탄의 원리

우라늄의 핵분열 시 중성자가 방출되는 현상이 발견되자 핵분열 연쇄반응으로 다량의 에너지를 발생시키는 원자폭탄이 고안되기 시작한다.

천연에 존재하는 우라늄은 3개의 주요 동위체(양성자 수는 같으나 중성자 수와 질량수가 다름)가 있다. 천연 우라늄의 99.27%를 차지하는 우라늄 238, 천연 우라늄의 0.72%를 차지하는 우라늄 235, 그리고 0.0054%를 차지하는 우라늄 234다. 우라늄 핵종 가운데 우라늄 235는 느린 중성자로 충돌시키면 핵분열이 쉽게 일어나므로 원자폭탄(우라늄 235를 90% 이상 포함)의 핵연료로 사용된다.

이때 고에너지를 가진 고속 중성자가 2~3개 튀어나옴과 동시에 다량의 에너지가 발생한다. 우라늄 235 한 개로 핵분열을 일으키면 이때 튀어나온 중성자는 또다시 근처에 있는 우라늄 235와 충돌하여 핵분열을 일으킨다. 또 이 충돌로 튀어나온 중성자가 또다시 옆의 우라늄 235와 충돌하여 핵분열을 일으킨다. 이처럼 핵분열 연쇄반응이 일어나면서 그 결과 매우 다량의 에너지가 발생한다.

우라늄 235 한 개가 중성자를 흡수하여 핵분열할 때 방출되는 에너지는 32pJ(picojoule, 칼로리 단위로 환산하면 약 1,000억 분의 1cal) 정도다. 하나로 보면 대수롭지 않은 에너지지만 연쇄적으로 막대한 개수의 핵분열이 일어나기 때문에 그 에너지 양은 어마어마하다. 화학반응의 경우 1원자당 100만 분의 1pJ이다. 핵분열로 발생하는 에너지와는 자릿수에서 월등히 차이가 난다.

미국 맨해튼 프로젝트와 핵분열성 원소 제조 성공

맨해튼 프로젝트는 제2차 세계대전 중에 실행된 미국의 원자폭탄 제조 계획의 암호명이다. 원자폭탄의 개발과 제조를 위해 과학자와 기술자가 총동원되었다.

물리학자 실라드(Leo Szilard, 1898~1964)는 아인슈타인에게 독일 나치가 원자폭탄을 개발할 우려가 있다는 내용으로 루스벨트 미국 대통령에게 편지를 쓰도록 설득했다.

1941년, 미국이 원자폭탄의 개발 및 제조 계획을 결정하고 같은 해 12월 원자력위원회가 설치되었다. 원자폭탄을 제조하려면 핵분열성을 가진 우라늄 235와 플루토늄 239를 임계량 이상으로 한 곳에 모아 연쇄반응을 일으키는 과정이 필요하다. 따라서 원자폭탄을 실현하기 위한 과제는 먼저 천연 우라늄에서 0.72%밖에 존재하지 않는 핵분열성 원소 우라늄 235를 분리해내는 것과 핵분열성 원소인 플루토늄을 제조해내는 원자로를 건설하는 것이었다.

핵분열성 원소 우라늄 235의 분리를 위해 기체 확산법(gaseous diffusion method, 원자력발전을 위해서 동력로의 연료가 되는 방사성 동위원소를 비핵분열성 원소로부터 분리한 뒤 농축하는 방법―옮긴이)과 전자기적 분리법 방식의 공장이 건설되었다.

우라늄과 플루오린의 화합물인 육불화 우라늄은 기체이므로 우라늄 235 화합물과 우라늄 238 화합물을 진공 중의 다공질 격벽으로 확산시키면 분자량이 작은 우라늄 235 화합물이 더 빨리 확산하는 현상을 이용해 이를 반복하여 분리해냈다(기체 확산법). 또 자기장 안에서 강력한 전자석으로 양전하를 띤 우라늄 이온의 흐름을 구부려 분리해내는 전자 분리법도 사용되었다.

강한 방사성을 지닌 플루토늄은 1940년 말 글렌 시보그(Glenn Seaborg, 1912~1999) 등에 의해 처음으로 만들어진 인공 원소다. 발견 초기에는 완전한 인공 원소로 알려졌으나 나중에 우라늄광 등에 미량 존재하는 것으로 밝혀졌다. 어떤 예측에 따르면 지구상에 천연 플루토늄은 0.05g 존재한다고 한다.

플루토늄 제조 원자로에서 우라늄 238에 중성자를 흡수시켜 플루토늄 239를 만들어냈다. 이런 식으로 우라늄 235와 플루토늄 239의 생산이 진행되었다.

이와 동시에 원자폭탄 기폭 메커니즘 등의 문제를 해결하면서 1945년 7월 원자폭탄 제1호가 완성되었다. 이어 뉴멕시코주 사막에서 첫 폭발 실험이 이루어졌다. 원자폭탄이 폭발하자 1,000만°C, 수백만 기압의 화구(火球)가 생성되었다. 이 화구는 초기에 방사선을 극히 짧은 시간 동안 방사하고 서서히 온도가 떨어지면서 자외선과 적외선을 방사해 주변의 모든 것을 불태웠다. 또 충격파가 발생하는데 이는 모든 것을 파괴하고 쓰러뜨렸다. 그리고 강한 방사성을 가진 죽음의 재를 사방팔방으로 퍼뜨렸다. 전자기 펄스와 강력한 전자파도 발생시켰다.

전자기 펄스는 그 후 이루어진 존스턴 환초(Johnston Atoll)에서의 대기권 내 핵실험 때 천 몇백 킬로미터 떨어진 하와이섬 전체를 정전시킬 만큼 모든 전자기기에 피해를 초래했다.

핵융합을 원리로 하는 수소폭탄 개발

1950년 미국의 트루먼(Harry S. Truman, 1884~1972) 대통령은 미국의 우위성을 견지하기 위해 원폭보다 몇 배나 더 거대한 에너지를 방출하는 수소폭탄의 제조 명령을 내렸다. 두 원자핵이 충분히 근접할 때 하나로 융합하여 새로운 원자핵이 탄생한다. 이 핵반응을 핵융합 반응(Nuclear fusion)이라고 부르는데 이때 거대한 에너지가 방출된다. 한 예로 태양에서는 수소 원자가 융합하여 최종적으로 헬륨 원자가 만들어지는 핵융합 반응이 일어난다.

수소폭탄은 원자폭탄을 기폭장치로 사용하며 핵분열 반응으로 발생하는 방사선과 초고온, 초고압을 이용해 중수소와 삼중수소의 핵융합 반응을 일으키는 핵무기다.

미국과 소련의 냉전이 계속되는 가운데 두 국가에서 수소폭탄의 실험과 개발이 진행되었다. 세계의 어떤 대도시라도 수소폭탄 하나면 충분히 파괴할 수 있다. 또 100Mt의 원자 수소폭탄이 폭발하면 '핵겨울(nuclear winter)'을 초래할 만큼 지구환경이 파괴될 것으로 추정되고 있다. 핵겨울은 핵전쟁이 일어날 경우 도시와 삼림에서 대화재가 발생하면서 대량의 재와 먼지가 지구 고층 대기까지 뒤덮어 햇볕을 흡수하고 이 때문에 지면에 도달하는 일사량이 줄어 오랫동안 지구 기후의 냉각화가 지속된다는 이론이다.

핵무기는 인간이나 지구환경의 보전과는 절대 양립할 수 없는

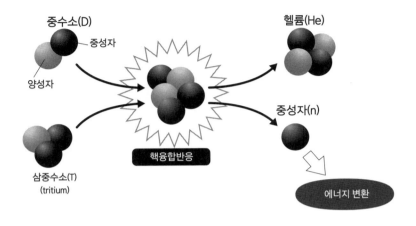

존재다. 제2차 세계대전 이후로 인류는 이러한 핵무기가 수만 개씩이나 존재하는 핵전쟁의 위협 속에서 생존해왔다.

　현재 세계는 핵탄두 수를 삭감하는 방향으로 나가고 있으나 핵위협이 완전히 사라진 것은 아니다.

아인슈타인의 '질량-에너지 등가의 원리'

마지막으로 '질량-에너지 등가(等價)의 원리'를 알아보자. 핵분열 연쇄반응이나 핵융합으로 막대한 에너지가 생성된다는 것은 '질량과 에너지는 등가($E=mc^2$)'라는 아인슈타인식으로 규명되었다.

◆ 아인슈타인 '질량 에너지 등가의 원리'의 식

$$E = mc^2$$

E : 에너지(J)

m : 질량(kg)

C : 광속도(=3.0×10⁸m/s)

질량 1g은 9×10¹³J의 에너지에 해당한다. 이 에너지로 7,000
가구가 1년 동안 전기를 쓸 수 있다.

아인슈타인
(Albert Einstein, 1879~1955)

여기서 'E'는 에너지(J), 'm'은 물질의 질량(kg), 'c'는 진공 중의
빛의 속도=3×10⁸(m/s)이다.

핵분열이 일어날 때 반응 전후로 양성자나 중성자 수의 합은 변
하지 않으나 분열 후의 질량은 분열 전의 질량보다 줄어든다. 만약
1g의 질량이 모두 에너지로 바뀐다고 할 때 이 식에 값을 대입하여
계산해보면 에너지는 9×10¹³줄(=21조 칼로리)이 된다.

이는 나가사키에 투하된 원자폭탄의 에너지와 거의 맞먹는다.
즉, 나가사키에 투하된 원자폭탄으로 1g의 질량이 지구상에서 사
라지고 9×10¹³줄의 에너지가 만들어지면서 사람들을 덮친 것이다.

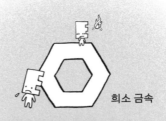

희소 금속

최첨단 기기에 필요한
'산업 비타민' 희소 금속의 위기

희소 금속과 희토류란?

앞으로 금속재료를 둘러싸고 희소 금속(레어 메탈, rare metal)이 큰 이슈로 부상할 전망이다. 희소 금속이란 말 그대로 희소(레어)한 금속(메탈)을 말한다.

국제적으로 통일된 기준이나 명확한 정의는 없으나 '존재량이 적다' '추출하기 어렵다' 등의 기준에 따른 31광종(원소로는 47종류)을 의미한다. 천연원소 약 90종류 중 절반가량이 희소 금속에 속한다. 매장량이 많더라도 산출이 어려운 금속도 포함된다. 또 입수하기 어렵다는 점과 함께 향후 공업적 수요의 측면도 함께 고려되었다.

◆ 희소 금속 31광종

> 리튬 · 베릴륨 · 붕소 · 타이타늄(티탄) · 바나듐 · 크로뮴(크롬) · 망가니즈(망간) · 코발트 · 니켈 · 갈륨 · 저마늄(게르마늄) · 셀레늄 · 루비듐 · 스트론튬 · 지르코늄 · 나이오븀 · 몰리브데넘 · 인듐 · 안티모니(안티몬) · 텔루륨 · 세슘 · 바륨 · 하프늄 · 탄탈럼 · 텅스텐 · 레늄 · 탈륨 · 비스무트 · 희토류(레어 어스) · 백금 · 팔라듐

한편, 희토류(레어 어스, rare earth)란 주기율표 3족의 스칸듐, 이트륨과 함께 '란타노이드'로 묶여 있는 15개 원소를 합친 17개 원소를 말한다. 서로 성질이 매우 유사하여 분리하기 어려웠기 때문에 각 원소로 발견되기까지는 많은 세월이 걸렸다.

'레어'는 분리나 가공이 어렵다는 뜻

여기서 희소 금속과 희토류의 원어, 레어 메탈과 레어 어스의 '레어(rare)'는 '양이 적은'이라는 의미가 아니다. 대부분은 단어의 뜻인 '레어'와 달리 지표에 꽤 많은 양이 분산되어 존재하고 있다.

화학자이자 작가인 키스 베로니즈는 자신의 책《교양으로 읽는 희토류 이야기(Rare: The High-Stakes Race to Satisfy Our Need for the Scarcest Metals on Earth)》에서 "유로퓸이나 네오디뮴, 이터븀,

홀뮴, 란타넘의 존재량은 구리나 아연, 니켈, 코발트와 맞먹는다"
"단독 분리나 가공이 어렵고 수요가 많아 품절되기 쉽다. 그래서
'레어'하다는 것을 명심해야 한다"라고 말하고 있다.

희소 금속은 '산업계의 비타민'

희소 금속은 최신 공업 기술에서 매우 중요한 위치를 차지하고 있
으며 산업생산에 없어서는 안 될 필수적 자원을 총칭한다. 미량으
로 생체의 정상적인 발육과 물질대사를 조절해 생명 활동에 필수
불가결한 비타민에 비유해 '산업계의 비타민'이라 불린다.

　주요 기능으로는 자성, 촉매, 공구의 강도 증강, 발광, 반도성(전
기 전도성) 등이 있다. 희소 금속을 이용한 기기는 스마트폰, 디지털
카메라, PC, TV, 배터리, 자동차, 각종 전자기기 등 매우 다양하다.
희소 금속은 현대인의 생활을 더욱 풍요롭게 만드는 기기 제조에
꼭 필요한 물질이다.

스마트폰에 사용되는 주요 희소 금속

스마트폰을 손바닥 크기로 축소할 수 있게 된 것은 마이크, 모터,
배터리가 소형화되었기 때문이다. 스피커나 모터는 자석과 코일로
구성된다. 자력이 매우 강한 희토류 자석(사마륨 코발트 자석, 이후 개

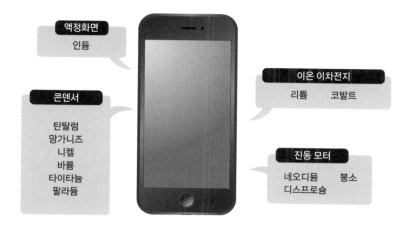
◆ 스마트폰에 사용되는 주요 희소 금속

액정화면
인듐

콘덴서
탄탈럼
망가니즈
니켈
바륨
타이타늄
팔라듐

이온 이차전지
리튬　코발트

진동 모터
네오디뮴　붕소
디스프로슘

발된 네오디뮴 자석)과 고성능 리튬 이온 이차전지의 등장으로 소형화가 가능해졌다.

스마트폰에 쓰이는 주요 희소 금속을 잠시 살펴보기로 하자. 액정화면에는 인듐이 사용된다.

일반적으로 전기를 통과시키는 것은 금속이다. 그러나 금속은 거울처럼 빛을 반사한다. 그런데 인듐주석 산화물은 전기를 통과시키는 성질과 박막으로 만들면 투명해지는 성질을 아울러 지니고 있어 액정 디스플레이로 사용된다. 진동 모터에는 강력한 영구 자석인 네오디뮴 자석(네오디뮴, 철, 붕소가 주성분)이 사용된다. 네오디뮴 자석은 고온에 약하므로 디스프로슘을 첨가하여 내열성을 높였다.

콘덴서(capacitor)는 전기를 저장하거나 방출하는 전자부품이다.

희소 금속	자원 상위생산국(2018)						상위 3개국 총점유율
	1위		2위		3위		
나이오븀	브라질	88%	캐나다	10%			98%
레어 어스	중국	71%	호주	12%	미국	9%	92%
텅스텐	중국	82%	베트남	7%	러시아	3%	92%
안티모니	중국	71%	러시아	10%	타지키스탄	10%	91%
백금	남아프리카	69%	러시아	13%	짐바브웨	9%	91%
리튬	호주	60%	칠레	19%	중국	9%	88%
코발트	콩고	64%	러시아	6%	쿠바	6%	76%
탄탈럼	콩고	39%	르완다	28%	나이지리아	8%	75%
망가니즈	남아프리카	31%	호주	17%	가봉	13%	61%

출처: 자원에너지청 자원·연료부(2019) 〈신국제자원전략 책정을 위한 논점〉, 일본 경제산업성

산화 탄탈럼을 사용한 탄탈럼 전해 콘덴서는 소형이면서 대용량인 점이 큰 특징으로, 스마트폰과 PC 등 소형 전자기기에 널리 쓰이고 있다. 배터리(리튬 이온 이차전지)는 리튬 이온을 저장하는 음극과 리튬 코발트 산화물(LCO)의 양극으로 구성되어 있다.

희소 금속 중 희토류 최대 생산국은 중국

희소 금속의 주요 생산국은 중국, 아프리카, 러시아 등에 편재되어 있다. 이렇게 한 곳에만 몰려서 존재하기 때문에 희소 금속의 산출량 상위 3개국이 세계 매장량의 60~90% 이상을 차지한다. 희소 금

속 산출량 1위는 중국이다. 신흥국의 경제성장에 따라 전 세계적으로 쟁탈전이 격화되고 있다. 희소 금속 중에서도 희토류는 중국이 압도적인 공급량을 자랑한다.

키스 베로니즈는《교양으로 읽는 희토류 이야기》에서 중국을 희소 금속 지배국으로 나아가게 한 일등공신으로 덩샤오핑(鄧小平, 1904~1997)을 언급했다. 덩샤오핑은 1978년 12월에 열린 중국공산당 제11기 중앙위원회 제3회 전체회의(삼중전회)에서 '개혁개방노선으로의 전환'에 성공하여 이후 개혁개방노선을 바탕으로 고도 경제성장을 실현해나갔다.

1992년 덩샤오핑은 중국의 최대 자원이라 할 수 있는 인구 10억 명 이상의 인민을 하나의 목표하에 통솔하고 인구가 적은 다른 나라에서는 절대로 따라할 수 없는 경제정책을 추진해 성공시킨 네 도시를 순방했다.

이때 내몽골 바얀 오보 광산지구를 방문해 산업 활성화의 숨결을 기리며 덩샤오핑이 한 예언적인 발언이 있다. 그것은 "중동에는 석유가 있고, 중국에는 희토류가 있다"라는 말이다.

덩샤오핑은 이 발언으로 희토류 산업을 추진하는 의의와 자원을 지켜야 할 필요성을 인민들에게 확고히 각인시켰다. 중국은 저렴한 희토류를 세계 시장에 넘치도록 공급했다. 희토류가 풍부한 광산이 있는 데다 제련 과정에서 발생하는 환경오염이나 노동자의 안전과 건강 문제에 대한 규제가 느슨한 환경, 그리고 무엇보다 노동력이 압도적으로 저렴한 조건에서는 희토류 생산의 경쟁력이 우월할 수밖에 없다.

그 결과 캘리포니아주 모하비 사막 깊숙이 있는 미국 최대 규모의 마운틴 패스(Mountain Pass) 광산은 경영수지 악화로 2002년 폐광했다.

중국이 희토류 공급시장을 제패하자 세계는 중국이 내놓는 정책 하나하나에 눈치를 보기 시작했다. 중국은 희소 금속을 국가전략의 큰 기둥으로 삼았다. 1930년대 미국이 헬륨에 대한 수출금지 조치를 취한 것과 유사한 일을 중국이 취할 수 있는 상황이 된 것이다. 당시 미국은 나치 독일이 체펠린 비행선을 띄우는 데 사용하는 헬륨을 군사적으로 전용할 것을 우려해 수출을 금지했었다.

중국 정부의 희토류 수출금지 선언

2010년 9월, 중국이 드디어 희토류 지배자로서 희토류 수출금지를 선언했다. 센카쿠열도 먼바다에서 일어난 중국 어선 충돌사건 등을 계기로 중일 관계가 악화했을 때 중국 정부는 일본에 대한 제제 조치로 희토류 수출금지를 발동했다.

그러나 몇 년 뒤 미-일-EU가 공동으로 세계무역기구(WTO)에 제소하였고 WTO는 중국의 희토류 수출규제가 협정 위반이라는 판결을 내렸다. 이것을 계기로 중국 정부는 2015년 일본에 대한 희토류의 수출물량 규제와 수출품에 대한 과세를 철폐했다.

중국의 수출규제로 일본은 원료 공급에 어려움을 겪으면서 생산에 차질을 빚었다. 이를 본 세계 각국은 희소 금속의 안정된 공급을 위해 중국에 대한 의존도를 줄이고 수입처를 여러 생산국으로 확대하는 데 힘쓰며 다른 국가와의 협력 관계를 넓혀나가고 있다.

또 여러 국가에서 국가 차원에서의 비축도 진행하고 있다. 자원국의 국책 변경이나 정세 불안에 따른 공급 차질의 위험성 때문에 미국이나 스위스, 스웨덴에서는 제2차 세계대전 이전부터 희소 금속의 국가 비축을 시행해왔다.

일본의 경우도 독립행정법인 석유·천연가스·금속광물 자원기구법(2002년 법률 제94호)에 근거하여 니켈, 크롬, 텅스텐 등을 비축하여 시장가격이 급등할 때 시장에 풀고 있다.

세계 희토류 산업에서 중국의 독점적 지위 붕괴 조짐

2021년 12월 29일 미국국제방송국 VOA의 중국어판 사이트는 세계 희토류 산업에서 중국이 차지하고 있는 독점적 지위가 붕괴될 가능성이 있다는 기사를 게재했다. 그 개요를 살펴보자.

중국이 차지하고 있는 희토류 자원의 우위성이 점차 약해지고 있다. 미국과 그 동맹국이 중국으로부터 탈피한 희토류 공급망이 서서히 형태를 갖추기 시작하고 있음을 알리는 다양한 징후들이 나타나고 있다.

중국에서는 장기간에 걸친 고도개발로 희토류 자원이 급격히 감소하였다. 2020년 시점에 세계에서 발견되는 희토류 매장량 1억 2,000만 톤 중 중국이 차지하는 비율은 36% 정도로 예전의 50%보다 줄어든 상황이다.

2010년 중국이 센카쿠열도 문제로 일본에 대해 희토류 수출을 규제하여 전 세계에 충격을 안기자 미국을 비롯한 세계 각국은 중국에 대한 지나친 의존도를 의식하고 중국에 의존하지 않는 희토류 공급망 확충에 착수하기 시작했다.

미국은 몇 차례의 실패를 거듭한 끝에 2018년 생산을 재개한 자국 내 희토류 광산인 마운틴 패스, 호주의 마운트 웰드, 그리고 말레이시아에 있는 채굴·제련 거점을 통해 '중국으로부터 탈피한 희토류 공급망'의 초보적 구축에 성공했다.

2011년에는 6억 9,600만 달러였던 희토류 제련제품 수입액이 2020년에는 1억 1,000만 달러까지 감소했다.

미래 희소 금속 위기, 과연 해결할 수 있을까?

한편, 세계 시장 분석가들은 "미국과 그 동맹국들의 노력은 아직 속도가 더뎌 중국과의 산업 규모 격차는 여전히 매우 크다"라는 목소리를 내고 있다.

다만, 2021년 하반기 이후 미얀마 정세 불안, 풍력발전 터빈과 전기자동차 등에 따른 희토류 수요 확대에 따라 희토류 가격이 상승하기 시작했다. 시장의 어느 분석가는 "희토류 가격 상승은 중국 기업에게 더 많은 이익을 안기겠지만, 가격 상승이 1년 정도 더 계속된다면 다른 나라들의 자체 희토류 공급망 구축은 더욱 가속화될 것"이라고 예측했다.

《프로메테우스의 금속-그린 뉴딜의 심장, 지정학 전쟁의 씨앗(La guerre des métaux rares)》에서 저자 기욤 피트롱은 기후변화 대책 등에 따라 풍력발전을 비롯한 에너지의 '그린 혁명'에는 희소 금속이 필수 불가결하다고 주장했다.

태양광 패널, 전기자동차, 풍력발전기 등의 제조에는 채굴 과정이 '결코 청정하다고 볼 수 없는' 희소 금속이 필요하다.

희소 금속 그 자체가 방사성 물질은 아니더라도 지각 중에 혼재해 있는 방사성 광물로부터 그것을 추출하는 과정에서 무시할 수 없는 양의 방사능이 발생한다. 환경보호단체가 탈원자력 발전이 가능하다고 주장하는 그린 테크놀로지는 방사능을 만들어내는 자원(희토류와 탄탈럼)의 채굴에 의존하고 있다.

과연 인류는 미래에 직면할 희소 금속 위기로 인한 각종 문제를 해결할 수 있을까?

맺음말

공업고등학교 공업화학과 학생이었을 때 일주일에 하루는 실습 날이었다. 아침부터 실험동에서 원소분석 등을 실습하면 리포트를 작성하고 제출한 뒤 하교했다.

이때 선생님이 나트륨 봉이 몇 개 든 유리병을 건네주면서 나에게 '처리'하라고 말씀하셨다. 유리병 안의 등유는 대부분 휘발되어서 나트륨 표면이 거칠어진 상태였다.

고등학교 실험동과 교실동 사이의 다리 위에서 먼저 짧은 나트륨 봉을 강에다 던져봤다. 조금 있자 강 안에서 물기둥을 일으키며 폭발했다. 이어서 긴 나트륨 봉도 강에 던졌다. 이때부터 나트륨과 물의 반응을 직접 눈으로 보고 체험하면서 금속 나트륨의 매력에 푹 빠지게 되었다.

대학에 진학하여 물리화학 연구실에서 졸업 연구를 할 때의 일이다. 실험에서 사용한 시험관들을 세척하려다 그만 호기심이 발동해서 시험관에 담긴 내용물을 하나씩 버리지 않고 시험관에서 시험관으로 부어 혼합해본 적이 있다.

물론 나머지를 다 섞은 다음 한꺼번에 버리겠다는 생각이었다. 그런데 그중 하나가 농황산이었다. 정신을 차리고 보니 내용물이 튀어서 내 얼굴을 덮쳤다. 얼굴 전체에서 뜨거운 열감이 확 느껴졌다. 눈을 감은 채 얼굴을 마구 물로 씻었는데 '시력을 잃었을지도 모른다'라는 공포 때문에 좀처럼 눈을 뜰 수가 없었다. 나중에 살며시 눈을 떴을 때 실험실이 보이자 안도했던 기억이 난다.

대학원 물리화학 연구실에서는 촉매화학 실험연구로 백금족 원소를 연구했다. 중고등학교 과학 교사가 되었을 때는 학생들과 '달고나'를 만들어보기도 하고 다이아몬드를 연소해보거나 수소 폭발을 실험해보기도 했다. 대학교 교수 시절에는 기초 화학실험을 몇 년 동안 담당했다.

이렇듯 학생 때부터 교편생활 때까지 다양한 물질을 다루어왔다. 이런 경험들이 원소에 관한 책을 집필할 때 많은 도움이 되었다.

사실 이 책의 2장에 나오는 '붕규산 유리' 부분에서 매수를 초과했지만, 그래도 넣으려 했던 내용이 있었다. 바로 미국 TV 드라마 〈브레이킹 배드(Breaking Bad)〉의 주인공 이야기다.

주인공은 지극히 평범한 그저 그런 고등학교 화학 교사 월터다. 임신 중인 아내와 뇌성마비 장애를 가진 아들이 그의 가족이다. 게다가 내 집 마련을 위해 감행한 고액 대출 때문에 세차장 아르바이트까지 뛰어도 집안 살림은 나아질 기미가 보이지 않는다. 설상가상으로 월터 자신이 말기 폐암 선고까지 받게 되면서 거액의 치료비 마련과 남겨질 가족들이 겪어야 할 경제적 곤란 등의 문제로 고민에 빠진다.

고민 끝에 그는 가족 몰래 마약을 제조하여 팔기 시작한다. 제자를 판매책으로 삼아 학교 화학실험실에 붕규산 유리로 만들어진 다양한 과학실험용 유리 기구를 빼돌려 탁월한 화학지식과 정제 기술로 마약을 제조한 것이다.

화학실험을 자주 하는 고등학교 화학 교사라면 있을 법한 이야기겠다 싶어서 책 내용으로 넣었으나 붕규산 유리, 과학실험용 유리 기구에 관한 이야기로는 다소 적절하지 않았는지 삭제되었다. 드라마 자체는 재미있는 내용이므로 관심 있는 독자들은 한번 보기 바란다.

머리말에서 밝혔듯이, 원소를 통해 공해 및 환경 문제와 원소 자원에 대해 다시 한번 생각해보는 것이 중요하다는 필자의 생각이 조금이라도 독자 여러분에게 전달되었으면 하는 바람이다.

참고문헌

나가사키 세이조(長崎誠三) 지음,《오염물질(汚染物質)》, 신니혼슈판샤(新日本出版社), 1974.

구노리 노리야스·히라야마 아키히코·사마키 다케오(九里徳泰·平山明彦·左巻健男) 편저《신개정 지구환경의 교과서 10강(新訂 地球環境の教科書10講)》, 도쿄쇼세키(東京書籍), 2014.

마크 에이브러햄스 지음, 이은진 옮김,《이그노벨상 이야기:천재와 바보의 경계에 선 괴짜들의 노벨상(The Ig Nobel Prizes)》, 살림, 2010.

사마키 다케오 지음, 김정환 옮김,《무섭지만 재밌어서 밤새 있는 화학 이야기》, 더숲, 2022.

사마키 다케오 지음, 김정환 옮김,《재밌어서 밤새 읽는 화학 이야기》, 더숲, 2013

사마키 다케오 지음, 김현정 옮김,《이토록 재밌는 화학 이야기:불의 발견에서 플라스틱, 핵무기까지 화학이 만든 놀라운 세계사》, 반니, 2023.

사마키 다케오 지음, 오승민 옮김,《재밌어서 밤새 읽는 원소 이야기》, 더숲, 2017.

사마키 다케오 지음, 윤재 옮김,《세상의 모든 화학 이야기》, 청아출판사, 2019.

사마키 다케오·다나카 료지 지음, 송지혜 옮김,《알기 쉬운 원소 도감》, 동아사이언스, 2013.

사마키 다케오·이시지마 아키히코·야마모토 아키토시·니시가타 치아키(左巻健男·石島秋彦·山本明利·西潟千明) 지음,《과학실험 안전 매뉴얼(理科の実験 安全マニュアル)》, 도쿄쇼세키(東京書籍), 2003.

샘 킨 지음, 이충호 옮김,《사라진 스푼:주기율표에 얽힌 광기와 사랑, 그리고 세계사》, 해나무, 2011.

앤 루니 지음, 조연진 옮김,《수다쟁이 화학, 입을 열다(The Story of Chemistry)》, 픽(잇츠북), 2023.

야마모토 기이치(山本喜一) 감수,《최신도해 원소의 모든 것을 알 수 있는 책(最新図解 元素のすべてがわかる本)》, 나츠메사(ナツメ社), 2011.

일본화학회(日本化学会) 편,《미움받는 원소는 부지런한 일꾼:일억 인의 화학 7(嫌われ元素は働き者：一億人の化学 7)》, 다이니폰도쇼(大日本図書), 1992.

조엘 레비 외 지음, 이종렬 옮김,《화학 캠프:원자에서 주기율까지, 물질에 관한 모든 것》, 컬처룩, 2013.

찰스 패너티 지음, 이형식 옮김,《일상 속에 숨어 있는 뜻밖의 세계사》, 북피움, 2024.

페니 르 쿠터·제이 버레슨 지음, 곽주영 옮김,《역사를 바꾼 17가지 화학 이야기 1, 2》, 사이언스북스, 2014.

감사의 글

이 책의 원고는 필자가 편집장으로 있는 과학잡지 《과학탐험(Rika Tan)》의 편집위원 히라가 쇼조(平賀章三, 나라교육대학 명예교수) · 다니모토 야스마사(谷本泰正, 가와사키의료복지대학 특임준교수) · 세키자키 슈이치(関崎秀一, 나가노현 사카기고등학교 교사) · 구메 무네오(久米宗男, 소카 고등대학 비상근 강사) · 다카노 히로에(高野裕惠, 일본분석화학 전문학교 비상근 강사) · 나카지마 히로키(仲島浩紀, 데즈카야마 중고등학교 교사) · 이노우에 간지(井上貫之, 하치노헤공업대학 비상근 강사) 등 암흑통신단 회원들에게 먼저 읽어보게 한 후 그들로부터 조언을 받았다. 이 자리를 빌려 그들에게 감사의 말을 전한다. 물론 이 책의 모든 책임은 저자인 나 사마키 다케오에게 있다.

무섭지만 재밌어서 밤새 읽는
원소 이야기

1판 1쇄 인쇄 2024년 6월 17일
1판 1쇄 발행 2024년 6월 24일

지은이 사마키 다케오
옮긴이 오승민

발행인 김기중
주간 신선영
편집 백수연, 정진숙
마케팅 김신정, 김보미
경영지원 홍운선
펴낸곳 도서출판 더숲
주소 서울시 마포구 동교로 43-1 (04018)
전화 02-3141-8301
팩스 02-3141-8303
이메일 info@theforestbook.co.kr
페이스북 @forestbookwithu
인스타그램 @theforest_book
출판신고 2009년 3월 30일 제2009-000062호

ISBN 979-11-92444-97-0 (03430)